大学计算机基础教程

习题解答与实训指导

杨剑宁 主编

清华大学出版社
北 京

内 容 简 介

本书是《大学计算机基础教程》的配套实训指导教材，包括计算机基础知识、进制与数据结构、Windows 10 操作系统、Office 的通用操作、使用 Word 2016 高效创建电子文档、使用 Excel 2016 创建并处理电子表格、使用 PowerPoint 2016 制作演示文稿、计算机网络及应用等章节，每章的实验都是根据主教材设计的，其中包括的案例都与实际的生活和工作相关，旨在引导读者跟着做，在实践中提升使用微软 Office 和解决实际问题的能力。

本书可以作为中、高等学校及其他各类计算机培训机构对微软 Office 高级应用与设计的实验用书，也是计算机爱好者实用的自学参考书。

图书在版编目 (CIP) 数据

大学计算机基础教程习题解答与实训指导 / 杨剑宁主编 . —北京：清华大学出版社，2023.8 (2023.9重印)
ISBN 978-7-302-64425-5

Ⅰ. ①大… Ⅱ. ①杨… Ⅲ. ①电子计算机－高等学校－教学参考资料 Ⅳ. ① TP3

中国国家版本馆 CIP 数据核字 (2023) 第 145316 号

责任编辑： 张 莹
封面设计： 傅瑞学
版式设计： 方加青
责任校对： 王凤芝
责任印制： 沈 露

出版发行： 清华大学出版社
网　　址： http://www.tup.com.cn，http://www.wqbook.com
地　　址： 北京清华大学学研大厦 A 座　　**邮　　编：** 100084
社 总 机： 010-83470000　　**邮　　购：** 010-62786544
投稿与读者服务： 010-62776969，c-service@tup.tsinghua.edu.cn
质 量 反 馈： 010-62772015，zhiliang@tup.tsinghua.edu.cn
印 装 者： 艺通印刷（天津）有限公司
经　　销： 全国新华书店
开　　本： 185mm×260mm　　**印　　张：** 10.75　　**字　　数：** 238 千字
版　　次： 2023 年 8 月第 1 版　　**印　　次：** 2023 年 9 月第 2 次印刷
定　　价： 36.00 元

产品编号：103019-01

前言

在当今的信息化社会，科技进步日新月异，现代信息技术深刻改变着人类的生产、生活和学习方式。作为信息技术之一的计算机技术应用得越来越普遍，计算机及相关技术的发展与应用在当今社会生活中发挥着前所未有且越来越重要的作用。计算机与人们的生活息息相关，是不可或缺的工作和生活工具，因此计算机教育应面向社会，与时代同行。

计算机科学是一门理论与实践紧密结合的科学，实践在教学中起着至关重要的作用。本书是《大学计算机基础教程》配套的实训指导，可以培养学生的动手能力和解决实际应用问题方面的能力。

本书共分为8章，主要涉及计算机基础应用、进制、数据结构、Office中Word、Excel和PowerPoint组件的应用，以及计算机网络的相关实验，各章节具体介绍如下所示。

第1章主要介绍计算机基础的相关知识，包括计算机硬件系统的选购、计算机的组装、BIOS的用法和注册表的优化。

第2章主要介绍计算的进制和数据结构的相关知识，包括二进制转换为八进制、二进制转换为十进制、计算栈中数据元素的个数和二叉树的先序遍历。

第3章主要介绍Windows 10操作系统的相关知识，包括查看计算机配置、操作Windows 10文件和文件夹、操作Windows 10任务管理器和资源监视器、操作库。

第4章主要介绍Office的通用操作相关知识，包括Office文件的打开和保存，用密码保护演示文稿，Word、Excel和PowerPoint之间的数据共享。

第5章主要介绍Word 2016创建电子文档的相关知识，包括Word 2016文字处理实验，Word 2016图像、表格和形状实验，长文档的操作实验，批量制作文档实验和调查问卷实验。

第6章主要介绍Excel 2016创建并处理电子表格的相关知识，包括Excel 2016的基本操作、Excel 2016数据计算实验一、Excel 2016数据计算实验二、图表的应用实验、图表中常见的问题实验、数据管理与数据分析实验和综合分析员工基本工资表。

第 7 章主要介绍 PowerPoint 2016 制作演示文稿的相关知识，包括演示文稿的基本操作，演示文稿的版式和母版的设置，封面页、目录页和转场页的设计实验，表格和图表的设计实验，演示文稿中的交互实验，演示文稿中的动画、切换实验和排版的基本原则。

第 8 章主要介绍计算机网络及应用的相关知识，包括浏览器的使用、电子邮件的发送和网络配置实验。

本教材在编写过程中力求谨慎，但因时间和精力有限，不足之处在所难免，敬请广大读者批评指正。

目录

第1章

计算机基础知识

计算机系统是由硬件系统和软件系统组成的，所以在组装计算机时，首先要选购硬件系统，如CPU、主板、显卡、内存条等，然后再进行硬件组装及系统的安装。本章主要是针对计算机硬件系统的实验，包括选购与配置计算机、组装计算机和BIOS的用法。

实验重点

- 熟练掌握选购计算机硬件的方法。
- 熟练掌握组装计算机的方法。
- 熟练掌握BIOS的用法。

实验1　模拟选购计算机硬件系统

【实验目的】

学会选购不同规格和不同需求的计算机硬件，掌握各硬件部件的性能及兼容性知识，同时还需要使之满足后期升级冗余。

【知识要求】

- 根据正文计算机硬件基础的相关知识，了解计算机的组成，如主机内部系统、显示器、键盘和鼠标等，其中重点了解主机。
- 熟练并掌握计算机各硬件的性能指标及兼容性。

【实验内容与操作步骤】

在计算机市场索要一份计算机的最新报价单，根据实验的目的，分别尝试配置一台办公用的计算机（3500元左右）、一台家用计算机（4000元左右）和一台顶级的计算机（15 000元左右）。在选购硬件时需要特别注意CPU和主板的兼容性，需要两者相匹配，同时还需要注意各配件的兼容性，以及后期硬件升级的需求。

（1）在计算机市场索要一份最新的计算机配件报价单。

（2）根据实验的目的分别选购计算机配件，在网上了解CPU和主板的性能参数并选购，然后再选购其他配件，如显卡、内存条、硬盘等。

（3）将不同规格计算机的配件分别存放。

（4）根据不同规格计算机的配置列出详细的配置表，如配件的型号、数量、单价、总金额及选购该计算机的总价格，如表 1-1 所示。

表 1-1 配 置 表

序号	配件名称	品牌型号	单价	数量	总金额
1	CPU				
2	主板				
3	内存				
4	显示卡				
5	显示器				
6	硬盘				
7	机箱				
8	电源				
9	键鼠				
10	光驱				
11	音箱				
总价					

实验 2 组装计算机

【实验目的】

学会组装计算机配件。

【知识要求】

- 检查选购的计算机配件是否完整，并熟悉这些计算机硬件。
- 准备安装时需要的工具，如螺丝刀（两种类型）、尖嘴钳、镊子等。
- 熟悉组装时的注意事项。

（1）释放身上的静电，因为静电可能对 CPU、内存等配件造成破坏。释放静电的方法是洗手或在水管上触摸。

（2）对各配件要轻拿轻放，避免碰撞，尤其是硬盘；在安装主板时一定要安装稳固，防止主板变形，不然会对主板的电子线路造成破坏。

（3）在安装配件时注意力度和方向，安插板卡要注意方向；不能用手触摸主板线路板，也不能让其他硬件与主板上小元件碰撞。

（4）防止液体进入计算机内部。在安装计算机各配件时，要严禁液体接触计算机内部的板卡，避免造成不必要的破坏。

【实验内容与操作步骤】

将选购的计算机配件包装拆开，将硬件摆放在桌面上，再检查组装计算机时需要的工具是否完整，最后消除身上的静电，并进行组装。

（1）把主板平放在桌上，桌上需要有保护的软垫。将 CPU 安装到主板上，同时需要注意CPU的插座针脚，不能盲目用力。安装CPU完成后，还需要在风扇与CPU接触的那一面均匀地涂上硅胶，然后安装风扇。

（2）安装内存条，需要注意接口是否正确，要适度用力否则可能会有接触不良现象。

（3）打开机箱，先安装电源，拧上所有固定螺丝。然后再安装硬盘等驱动器。

（4）将主板放到机箱中，注意不要碰撞到主板，I/O输出接口要与其挡板相吻合。主板螺丝不要上得太紧，否则会造成主板变形。

（5）如果配置单中有显卡和网卡配件，则需要将其安装到主板上，并固定。

（6）连接好各种数据线和电源线。

（7）安装跳线，如HDD线硬盘指示灯线，RESET线复位开关线，POWER LED线电源指示灯线。在安装跳线时，如果有不清楚的地方可以看主板说明书。

（8）接通电源，测试组装的计算机。

实验3 掌握BIOS的用法

【实验目的】

（1）学会如何进入各种计算机的BIOS。

（2）学会BIOS的基本用法。

（3）学会对BIOS进行基本设置。

【知识要求】

BIOS（Basic Input/Output System）可以理解为基本输入输出系统，它是计算机最基础、最重要的程序。所有的主板上都有BIOS，如果主板没有BIOS，则计算机将无法启动。BIOS是启动计算后执行的第一个程序，它负责从打开系统电源到加载操作系统之前的启动过程，也就是说BIOS是硬件与软件程序之间的一个“转换器”，负责检查计算CPU、内存等设备是否正常，并确认这些设备中存储的内容是否与BIOS兼容。BIOS存在于硬件中，并能够直接控制硬件的中断，它可以被看作是非常接近于硬件的、具有独立功能的函数集合。

CMOS（Complementary Metal Oxide Semiconductor）意为“互补金属氧化物半导体”，是指制造大规模集成电路芯片用的一种技术或用这种技术制造出来的芯片，是计算机主板上的一块可读写的RAM芯片。因为其可读写的特性，所以在计算机主板上用来保存BIOS设置完计算机硬件参数后的数据，这个芯片仅是用来存放数据的。CMOS的耗电量非常小，能够以最低的电量维持保存的内容。

BIOS是用来完成系统参数设置与修改的工具，CMOS是设定系统参数的存放场所。而平时常说的“CMOS设置”和“BIOS设置”是其简化说法。

BIOS中包括以下几个主要程序。

- 中断例程。BIOS的中断例程即BIOS中断服务程序。它是计算机系统软、硬件之间的一个可编程接口，用于衔接程序软件功能与计算机硬件实现。DOS/Windows操作系统对软盘、硬盘、光驱与键盘、显示器等外围设备的管理即建立在系统

BIOS 的基础上。程序员也可以通过访问 INT 5、INT 13 等中断直接调用 BIOS 中断例程。

- 系统设置。计算机部件配置情况是被放在一块可读写的 CMOS RAM 芯片中的，不接通电源或笔记本计算机没有电池时，CMOS 通过一块后备电池供电以保持其中的信息。如果 CMOS 中关于计算机的配置信息不正确会导致不能开机、时间不准、零部件不能识别，并由此引发一系列的软硬件故障。
- 上电自检。计算机接通电源后，系统将有一个对内部各个设备进行检查的过程，这是由一个通常称之为上电自检（Power On Self Test，POST）的程序完成的。这也是 BIOS 的一个功能。完整的 POST 自检将包括 CPU、640K 基本内存、1MB 以上的扩展内存、ROM、主板、CMOS 存储器、串并口、显示卡、软硬盘子系统及键盘测试。自检中若发现问题，系统将给出提示信息或鸣笛警告。
- 自检程序。在完成 POST 自检后，BIOS 将按照系统 CMOS 设置中的启动顺序搜寻软硬盘驱动器及 CDROM、网络服务器等有效的启动驱动器，读入操作系统引导记录，然后将系统控制权交给引导记录，由引导记录完成系统的启动。

不同的主板或不同的品牌计算机进入 BIOS 的按键各不相同，表 1-2 为部分主板和品牌计算机进入 BIOS 的按键。

表 1-2　进入 BIOS 的按键

品牌台式计算机		品牌笔记本计算机		组装计算机的主板	
品牌	启动按键	品牌	启动按键	主板	启动按键
联想	F12	联想	F12	华硕	F8
惠普	F12	惠普	F9	技嘉	F12
宏基	F12	宏基	F12	微星	F11
戴尔	ESC	戴尔	F12	映泰	F9
神舟	F12	神舟	F12	梅捷	ESC 或 F12
华硕	F8	华硕	ESC	七彩虹	ESC 或 F11
方正	F12	方正	F12	斯巴达	ESC
清华同方	F12	清华同方	F12	昂达	F11
海尔	F12	海尔	F12	精英	ESC 或 F11
明基	F8	明基	F9	富士康	ESC 或 F12
		Thinkpad	F12	顶星	F11 或 F12
		东芝	F12	铭瑄	ESC
		三星	F12	盈通	F8
		IBM	F12	Intel	F12
		富士通	F12	冠铭	F9
		Gateway	F12	磐英	ESC
		技嘉	F12	磐正	ESC
		索尼	ESC	杰微	ESC 或 F8

续表

品牌台式计算机		品牌笔记本计算机		组装计算机的主板	
品牌	启动按键	品牌	启动按键	主板	启动按键
				华擎	F11
				翔升	F10
				致铭	F12
				冠盟	F11 或 F12

【实验内容与操作步骤】

设置 CMOS 的时间、日期；通过 BIOS 检测计算机中的硬件；设置 CMOS 密码；设置开机密码；取消所有密码。

（1）启动计算机，根据显示器的提示信息，按相应的键进入 BIOS 主界面。

（2）在 BIOS 设置主界面中选择 STANDARD CMOS FEATURES 选项，进入此界面后把时间设置为 2018 年 1 月 1 日。在此界面中可以查看计算机硬件的信息。

（3）使用 ESC 键返回 BIOS 主界面，通过 SUPERVISOR PASSWORD 选项设置管理员的密码。

（4）通过 USER PASSWORD 选项来对用户密码进行设置，输入密码后需要两次确认。设置完成后，再次进入 BIOS 就需要使用此密码。

（5）将 USER PASSWORD 和 SUPERVISOR PASSWORD 选项设置为空，即可取消设置的密码。

实验 4　注册表的优化

【实验目的】

（1）了解注册表在操作系统中的作用。

（2）掌握优化 Windows 10 注册表的方法。

【知识与要求】

注册表是 Microsoft Windows 中的一个重要的数据库，用于存储系统和应用程序的设置信息。注册表一旦出现错误或设置不合理，则会对系统造成不可想象的危害。但是合理地配置它，则会带来意想不到的优化效果。

注册表直接控制着 Windows 的启动、硬件驱动程序的装载及一些 Windows 应用程序的运行，在整个系统中起着核心作用。Windows 内核在系统启动时从注册表中读入关于设备管理器的信息，组成 Windows 运行环境。设备管理器能改变注册表中记录的各个设备的参数，并分配 IRQ 和 DMA 等信息。

【实验内容与操作步骤】

（1）按 Win+R 组合键，在打开的“运行”对话框中输入 regedit 命令，单击“确定”按钮。

（2）在打开的“注册表编辑器”窗口中找到“HKEY_LOCAL_MACHINE\SYSTEM\

CurrentControlSet\Control\SessionManager\Memory Management\PrefetchParameters”，在其右边双击 EnablePrefetcher 选项卡，在打开的对话框中将默认值 3 改为 1，单击“确定”按钮，可以使 Windows 10 加速运行，如图 1-1 所示。

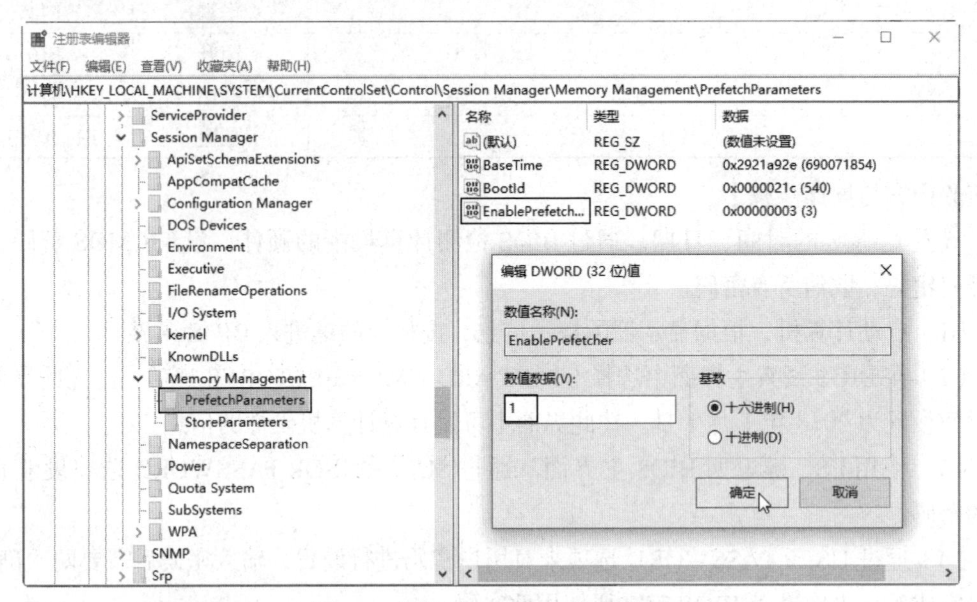

图 1-1　设置 Windows 10 加速运行

（3）在“注册表编辑器”窗口中找到“HKEY_CURRENT_USER\Control Panel\Desktop”，在右侧双击 AutoEndTasks 选项在打开的对话框设置“数值数据”为 1，单击“确定”按钮，即可设置 Windows 自动结束未响应的程序，如图 1-2 所示。

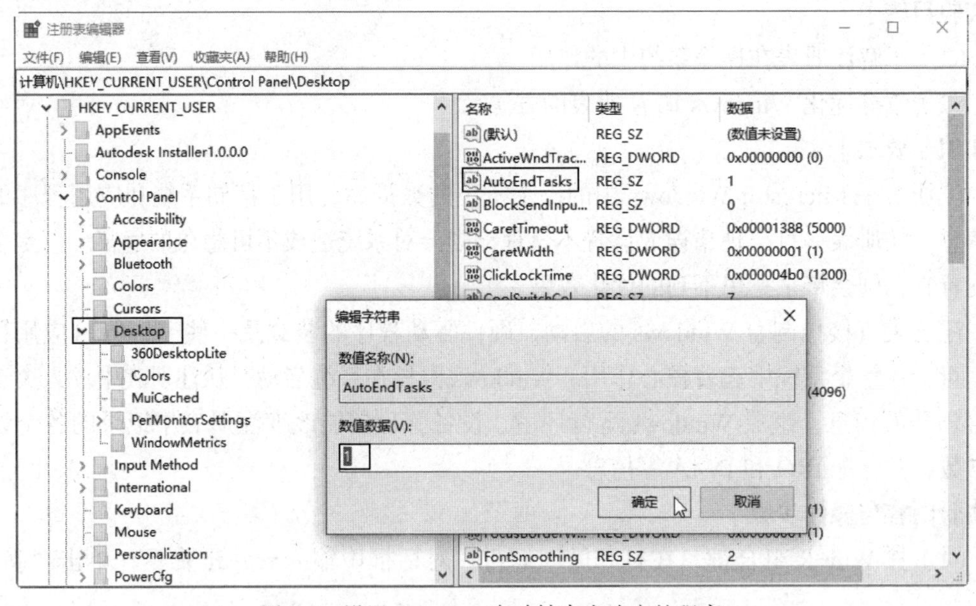

图 1-2　设置 Windows 自动结束未响应的程序

（4）Windows 遇到无法解决的问题时，便会自动重新启动，如果要想阻止 Windows

自动重新启动，可以通过注册表的设置来完成。在“注册表编辑器”窗口中找到“HKEY_LOCAL_MACHINE\SYSTEM\CurrentControlSet\Control\CrashControl”，在右侧双击 AutoReboot 选项，在打开的对话框将其值改为 0，单击“确定”按钮即可，如图 1-3 所示。

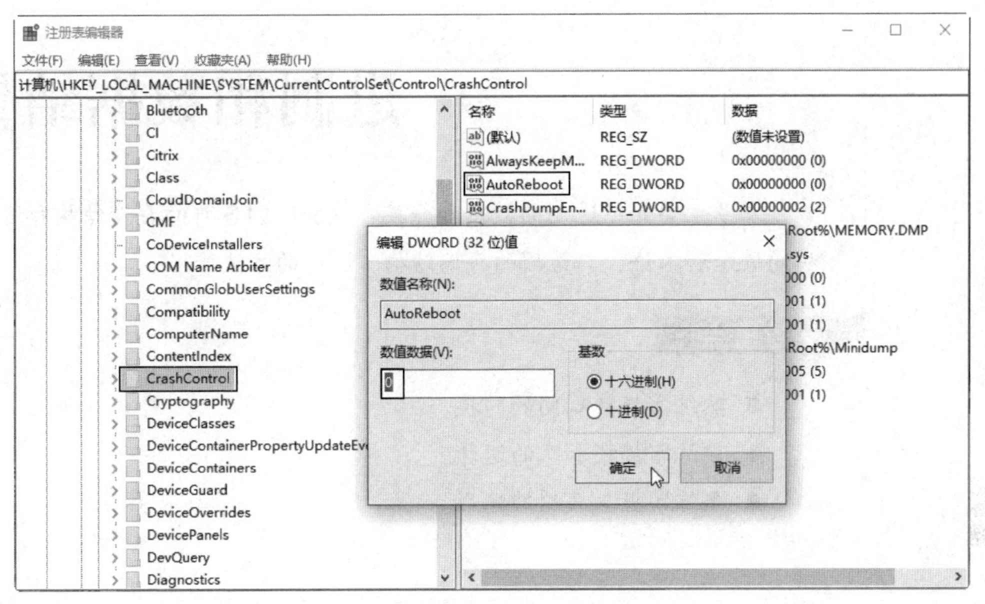

图 1-3 关闭 windows 自动重启

（5）为了加快菜单的显示速度，可以按照以下方法进行设置，在“注册表编辑器”窗口找到“HKEY_CURRENT_USER\Control Panel\Desktop”，双击右侧 MenuShowDelay 选项，在打开的对话框设置对应的值为 0，单击“确定”按钮，即可加快菜单的显示速度，如图 1-4 所示。

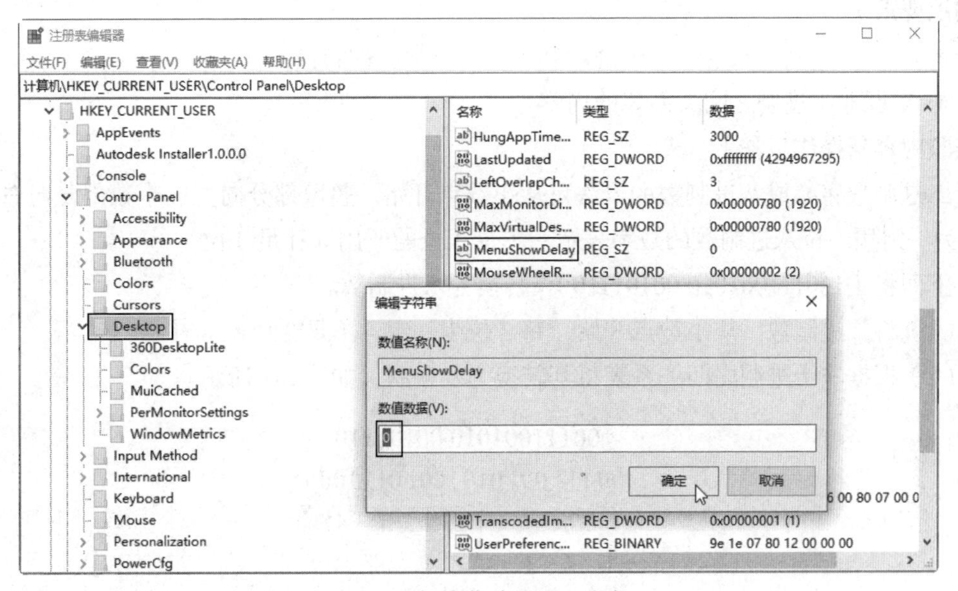

图 1-4 加快菜单的显示速度

第2章 进制和数据结构

本章主要介绍进制的概念和转换、栈和队列各自的存储结构和运算、树的概念和术语、二叉树的存储结构、遍历的方法等。

实验重点

- 熟练掌握数制间的转换。
- 熟练掌握栈和队的运算。
- 熟练掌握二叉树的遍历。

实验1　二进制转换为八进制

【实验目的】

（1）掌握二进制与八进制之间转换的方法。

（2）根据转换的方法熟悉非十进制之间的转换。

【知识要求】

- 了解二进制、八进制、十进制和十六进制之间的转换方法。
- 掌握非十进制之间关系表的内容。

【实验内容与操作步骤】

二进制数转换成八进制数的方法是从小数点开始，整数部分向左、小数部分向右，每3位为一组用一位八进制数的数字表示，不足3位的要用0补足3位。

下面将（100111001010.00101110）$_2$ 转换为八进制数。

（1）将二进制数，从小数点开始，每3位为一组，不足3位用0补足。

（2）根据非十进制之间关系表将其转换为八进制，如图2-1所示。

100111001010.00101110

100 111 001 010 . 001 011 100

↓　↓　↓　↓　↓　↓　↓

4　7　1　2 . 1　3　4

图2-1　二进制数转换为八进制数

（3）计算的结果（100111001010.00101110）$_2$=（4712.134）$_8$

实验2 二进制转换为十进制

【实验目的】

（1）掌握二进制与十进制之间转换的方法。

（2）根据转换的方法熟悉非十进制与十进制之间的转换。

【知识要求】

将非十进制的数各位数码与它们的权重相乘，再把乘积相加，就得到了一个十进制数。

【实验内容与操作步骤】

下面将（100110.011）$_2$ 转换为十进制数。

（1）将二进制数与它们的权重相乘。

（2）把乘积相加，即可完成二进制数转换为十进制数，如图2-2所示。

$$
\begin{aligned}
(100110.011)_2 &= 100110.011\text{B} \\
&= 1\times2^5+0\times2^4+0\times2^3+1\times2^2+1\times2^1+0\times2^0+0\times2^{-1}+1\times2^{-2}+1\times2^{-3} \\
&= 32+0+0+4+2+0+0+0.25+0.125 \\
&= (38.375)_{10} \\
&= 38.375\text{D}
\end{aligned}
$$

图2-2 二进制转换为十进制

（3）计算的结果（100110.011）$_2$=38.375D

实验3 计算栈中数据元素的个数

【实验目的】

（1）熟悉栈的含义和结构。

（2）掌握计算栈中数据元素数量的方法。

【知识要求】

掌握栈的两种操作（分别为入栈和出栈），以及栈的基本运算。

【实验内容与操作步骤】

设栈的顺序存储空间为S(1:m)，初始状态为top=m+1，计算栈中数据元素个数。

（1）设栈中有 x 个元素。当 x=0 时则栈中没有元素，则 top=m+1。

（2）当 x=m 时，就是满栈，则 top=1。

（3）可得出 top=m+1−x，则 x=m−top+1

实验4 二叉树的先序遍历

【实验目的】

掌握二叉树的3种遍历方法。

【知识要求】

了解二叉树的性质、存储结构和 3 种遍历方法。

【实验内容与操作步骤】

根据图 2-3 二叉树的结构，列出二叉树先序遍历的顺序。

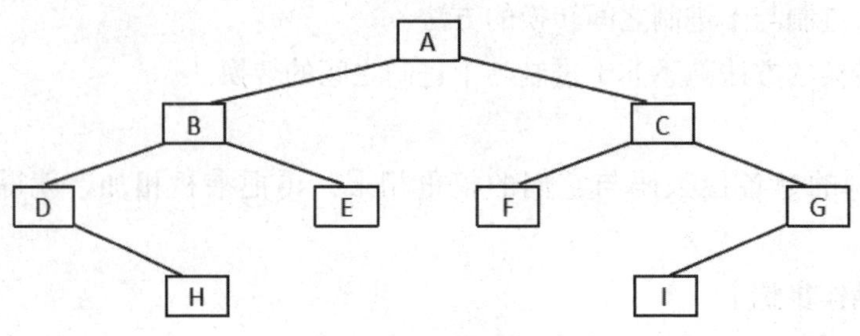

图 2-3　二叉树结构

（1）从根结点开始，第一次遍历的结点标记为 1，最后一次离开的结点标记为 0，如图 2-4 所示。

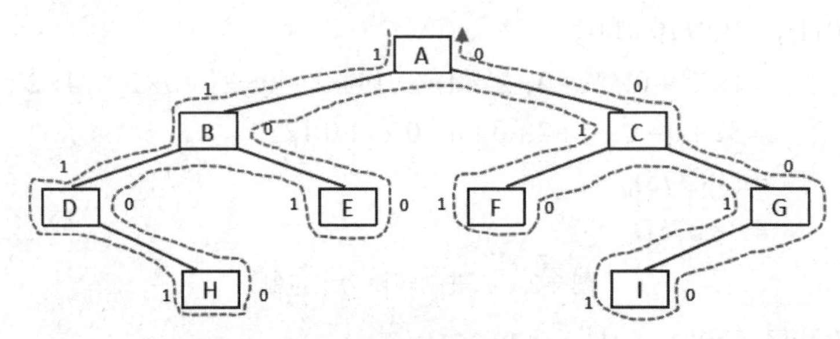

图 2-4　先序遍历图像

（2）沿箭头方向依次经过标记为 1 的顺序就是先序遍历，顺序为：A，B，D，H，E，C，F，G，I。

第3章 Windows 10 操作系统

操作系统是计算机系统中最基本的系统软件，它的功能是控制和管理计算机系统中各种硬件和软件资源，合理协调计算机工作流程，从而提高计算机资源的使用效率。目前使用最为广泛的操作系统为微软公司开发的 Windows 10 操作系统。

实验重点

- 熟练掌握 Windows 10 文件和文件夹的操作。
- 熟练掌握 Windows 10 外观设置的方法。

实验 1　查看计算机配置

【实验目的】

学会使用 Windows 10 操作系统监管计算机的各种软硬件资源。例如，查看系统的配置信息，了解计算机硬件的参数。

【知识要求】

计算机的配置信息主要包括计算机的各种硬件信息，如计算机的 CPU、内存、显卡、主板等，用户可以采用多种方法查看，本实验将介绍使用 Windows 10 自带的软件工具查询的方法。

1. Windows 10 操作系统简介

Windows 10 是微软公司研发的跨平台操作系统，应用于计算机和平板电脑等设备，在易用性和安全性方面与旧版本相比有了极大的提升，除了针对云服务、智能移动设备、自然人机交互等新技术的融合外，还对固态硬盘、生物识别设备、高分辨率屏幕等硬件实现了优化与支持。

2. CPU 的参数

CPU 是 Central Processing Unit（中央处理器）的缩写,CPU 的详细参数包括内核结构、主频、外频、倍频、接口、缓存、多媒体指令集、制造工艺、电压、封装形式、整数单元和浮点单元等。

- 主频。也称为时钟频率，简单地说就是 CPU 的工作频率，单位是 MHz，CPU 的主频表示 CPU 内数字脉冲信号振荡的速度，与计算机的执行指令的速度密切相关。主频越高，CPU 的速度也越快。主频的计算公式为：主频 = 外频 × 倍频。
- 缓存。缓存就是指可以进行高速数据交换的存储器，它优先于内存与 CPU 交换数据，因此速度极快，所以又被称为“高速缓存”。与处理器相关的缓存一般分为两种：L1 缓存，也称内部缓存；L2 缓存，也称外部缓存。

【实验内容与操作步骤】

在桌面“此电脑”图标上右击，在快捷菜单中选择“属性”命令，在打开的窗口中显示系统的版本、CPU 的主频、内存大小、系统类型、Windows 10 的版本等信息，如图 3-1 所示。

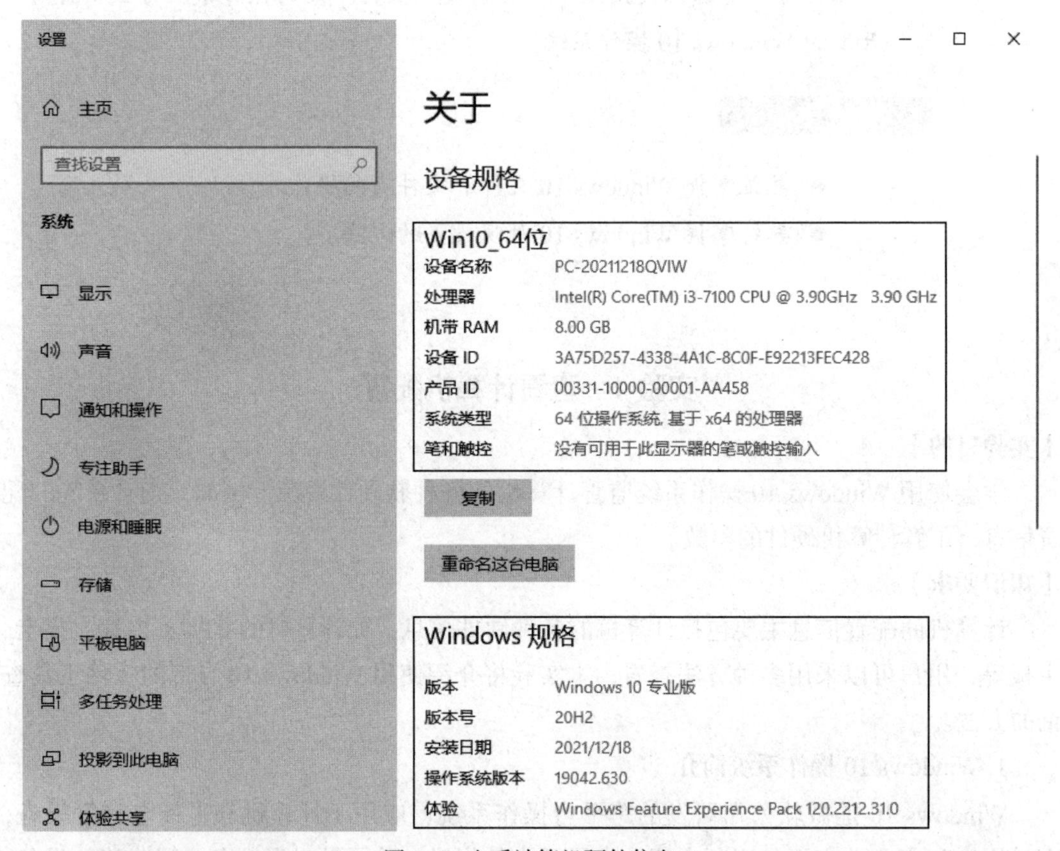

图 3-1 查看计算机硬件信息

如果需要查看更详细的配置信息，可右击“此电脑”图标，在快捷菜单中选择“管理”命令，打开“计算机管理”窗口，在左侧选择“设备管理器”选项，即可查看计算机所有配置信息，如图 3-2 所示。

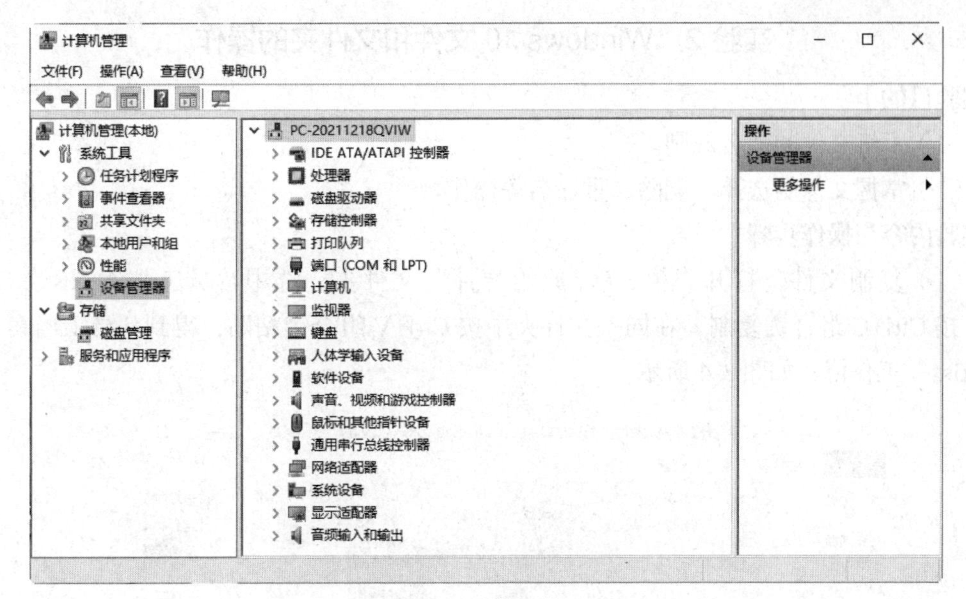

图 3-2 计算机管理

用户还可以通过“DirectX 诊断工具”查看计算机的配置。在 Windows 桌面按 Win+R 组合键，在打开的“运行”对话框的“打开”文本框中输入 dxdiag 命令，单击“确定”按钮。打开“Direct X 诊断工具”对话框，在“系统”选项卡可以看到计算机的系统配置，如图 3-3 所示。

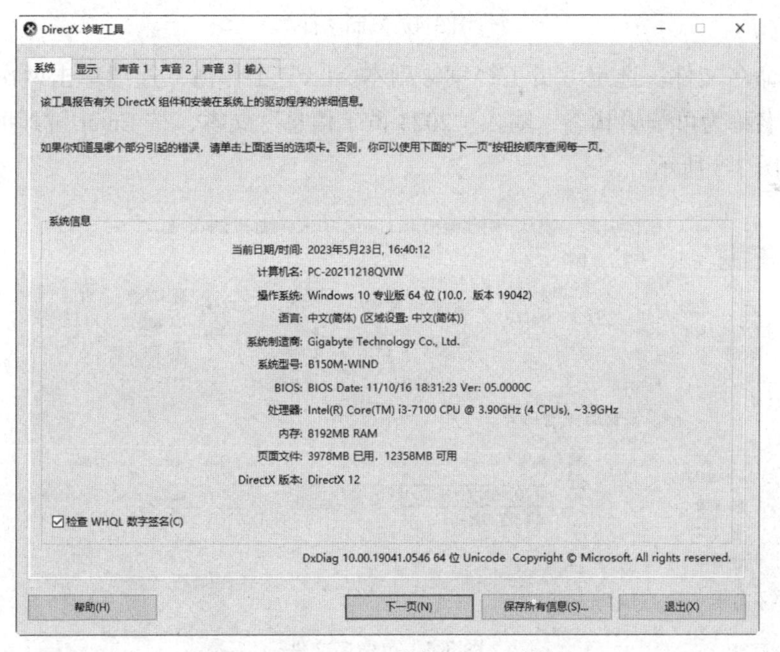

图 3-3 “Direct X 诊断工具”对话框

在“显示”选项卡中可以查看显卡的相关配置；在“声音”选项卡，可以看到声卡相关信息；在“输入”选项卡中可以看到输入、输出设备，还可以看到外围的鼠标、键盘等配置。

实验 2　Windows 10 文件和文件夹的操作

【实验目的】

（1）了解文件的命名规则。

（2）掌握文件的选择、删除、重命名等操作。

【实验内容与操作步骤】

（1）复制文件。打开“第 3 章 / 原始文件”文件夹，选中“员工档案 .xlsx”工作簿，按 Ctrl+C 组合键复制，在同一文件夹中按 Ctrl+V 组合键粘贴，得到“员工档案 - 副本 .xlsx”工作簿，如图 3-4 所示。

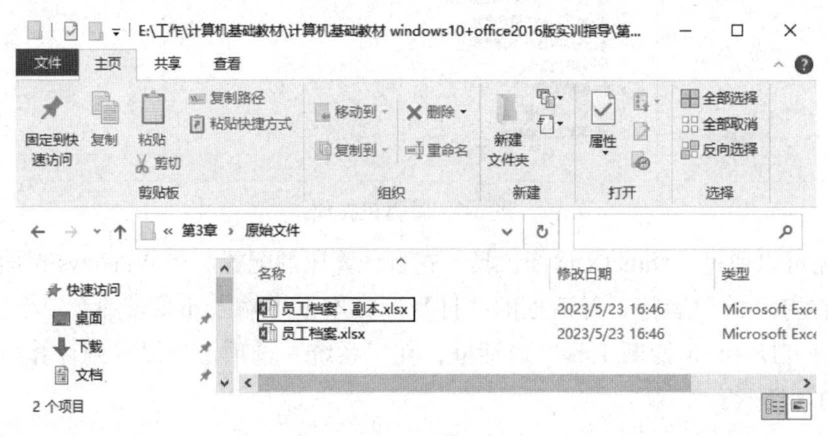

图 3-4　复制文件

（2）重命名文件。选定“员工档案 - 副本 .xlsx”工作簿，连续单击两次或按 F2 键，此时文件的名称为可编辑状态，输入“2023 员工信息”文本，按 Enter 键即可完成文件的重命名，如图 3-5 所示。

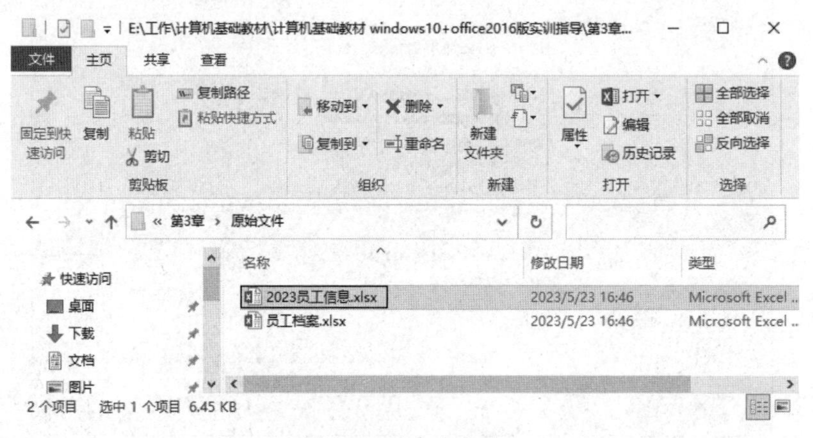

图 3-5　重命名文件

（3）创建文件或文件夹为快捷方式。右击“2023 年度工作总结报告 .pptx”演示文稿，在快捷菜单中选择“发送到（N）”→“桌面快捷方式”命令，如图 3-6 所示。即可将选中文件或文件夹在桌面上创建快捷方式，方便直接访问。

图 3-6　创建快捷方式

（4）删除文件或文件夹。选择需要删除的文件或文件夹，然后，可以根据以下几种方法删除文件或文件夹。第一种是右击该文件或文件夹，在快捷菜单中选择“删除”命令；第二种是选择文件或文件夹后按 Delete 键删除；第三种是选中文件或文件夹按 Shift+Delete 组合键。前两种删除操作会弹出“删除文件”对话框，提示“确实要把此文件放入回收站吗？”。如果单击“是”按钮，即可删除此文件，但不是彻底删除，只需要在“回收站”中执行还原操作即可还原该文件。若执行第三种删除操作，则将提示“确实要永久地删除此文件吗？”，如果单击“是”按钮，将永久删除该文件，在回收站中是找不到该文件的。

（5）隐藏文件或文件夹。选择需隐藏的文件或文件夹并右击，在快捷菜单中选择“属性”命令，打开对应的“属性”对话框，在“常规”选项卡中勾选“隐藏”复选框，单击“确定”按钮，如图 3-7 所示。隐藏后如果该文件或文件夹仍然可见，只是图标不清晰，则只要在当前资源管理器中切换至“查看”选项卡，取消勾选“隐藏的项目”复选框即可不再显示隐藏的文件或文件夹，如图 3-8 所示。

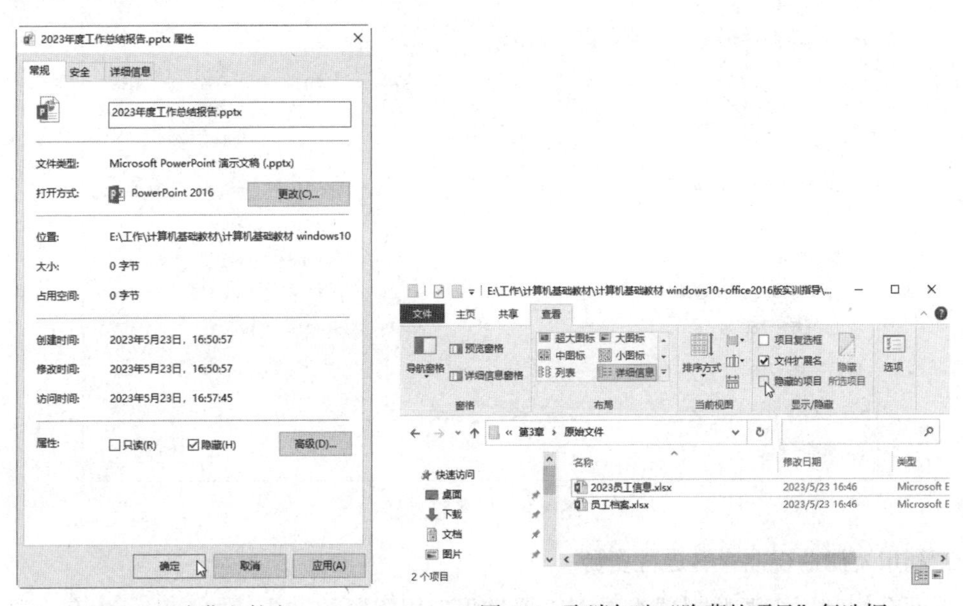

图 3-7　隐藏文件夹　　　　图 3-8　取消勾选“隐藏的项目”复选框

（6）显示隐藏的文件或文件夹，在资源管理器中切换至“查看”选项卡，勾选“隐藏的项目”复选框。然后，右击隐藏的项目，在快捷菜单中选择“属性”命令，在打开的对话框中取消勾选“隐藏”复选框，单击“确定”按钮即可。

实验 3　Windows 10 任务管理器和资源监视器

【实验目的】

（1）了解 Windows 10 多任务管理运行机制。

（2）了解进程的概念。

（3）学会使用资源监视器。

【知识要求】

Windows 资源监视器是一个功能强大的工具，用于了解进程和服务使用系统资源的状况。除了实时监视资源的使用情况外，资源监视器还可以帮助用户分析已停止响应的进程，确定哪些应用程序正在使用文件，以及控制进程和服务。

【实验内容与操作步骤】

1. 任务管理器的应用

在使用任务管理器之前，首先了解一下如何打开“任务管理器”对话框。第一种方法是按 Ctrl+Alt+Del 组合键，或者 Ctrl+Shift+Esc 组合键，在打开的界面中选择“启动任务管理器”命令即可；第二种方法是在任务栏空白处右击，在快捷菜单中选择“任务管理器”命令。

在“任务管理器”对话框的“进程”选项卡中显示有当前计算机应用的程序，如果用户需要结束某项程序，可以选中该程序，单击“结束任务（E）”按钮即可，如图 3-9 所示。

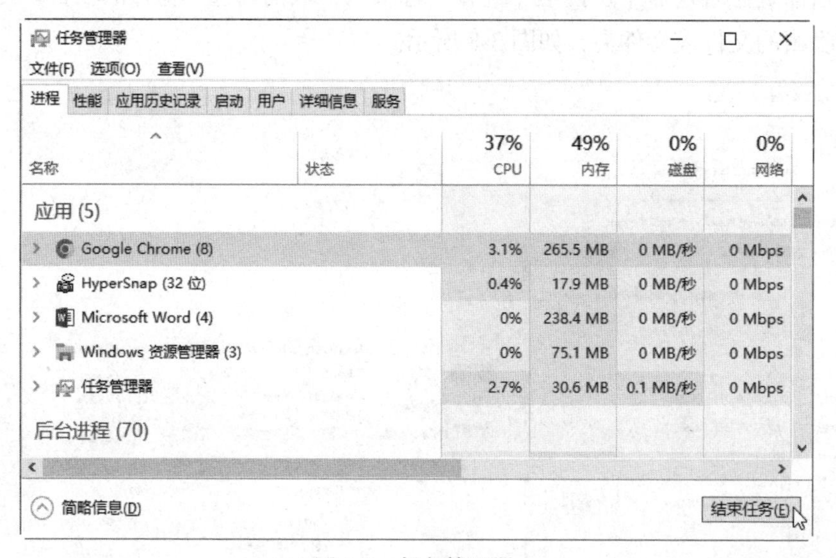

图 3-9　任务管理器

2. 利用资源监视器查看进程资源

下面介绍利用资源监视器查看浏览器进程占用资源的方法，如 CPU、内存、磁盘和网络。首先打开“任务管理器”窗口，切换至“性能”选项卡，单击“打开资源监视器”按钮，即可打开“资源监视器”窗口。

在“资源监视器”窗口的 CPU 选项卡中勾选浏览器（chrome.exe）对应的进程，可以查看该进程使用 CPU 的线程数、平均 CPU 占用率等参数，如图 3-10 所示。

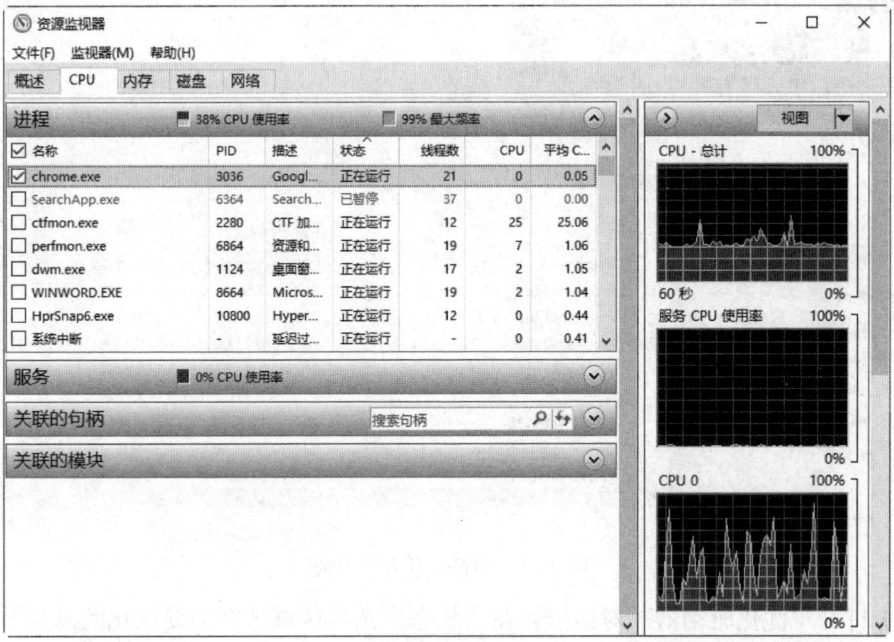

图 3-10 资源监视器

然后根据相同的方法查看内存和磁盘的资源信息，可以查看内存的提交、工作集、专用和可共享等信息，查看磁盘的读、写和总数（字节 / 秒）的数量。在“网络”选项卡中可以查看该进程通过网络发送、接收和总数（两者之和）的数据及 TCP 连接的资源。

实验 4 Windows 10 磁盘碎片整理

【实验目的】

（1）了解整理磁盘碎片的含义。

（2）学会整理磁盘碎片的方法。

【知识要求】

整理磁盘碎片，就是通过系统软件或专业的磁盘碎片整理软件对计算机磁盘在长期使用过程中产生的文件簇碎片重新整理，可提高计算机的整体性能和运行速度。

当应用程序所需的物理内存不足时，一般操作系统会在磁盘中创建临时交换文件，将该文件所占用的磁盘空间虚拟成内存。虚拟内存管理程序会对磁盘频繁读写，产生大量的文件簇碎片，这是磁盘碎片产生的主要原因。

【实验内容与操作步骤】

（1）双击桌面“此电脑”图标。

（2）打开任意分区的磁盘，如打开 C 盘。

（3）在“管理 - 驱动器工具”选项卡单击“管理”选项组中的“优化”按钮，如图 3-11 所示。

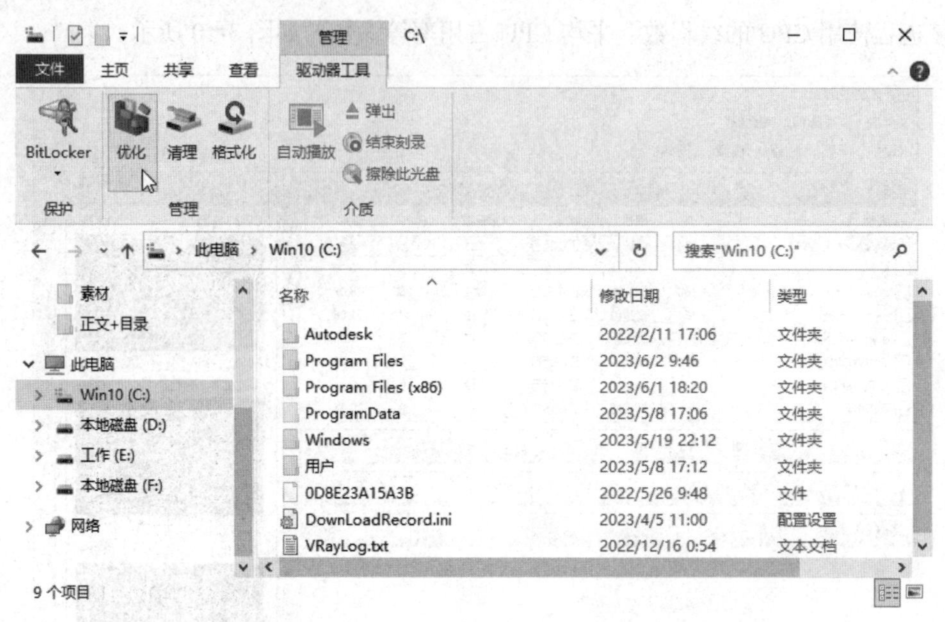

图 3-11　单击“优化”按钮

（4）打开“优化驱动器”对话框，在“状态”选项区域选择需要优化的磁盘，如选择 C 盘，单击“优化”按钮，如图 3-12 所示。

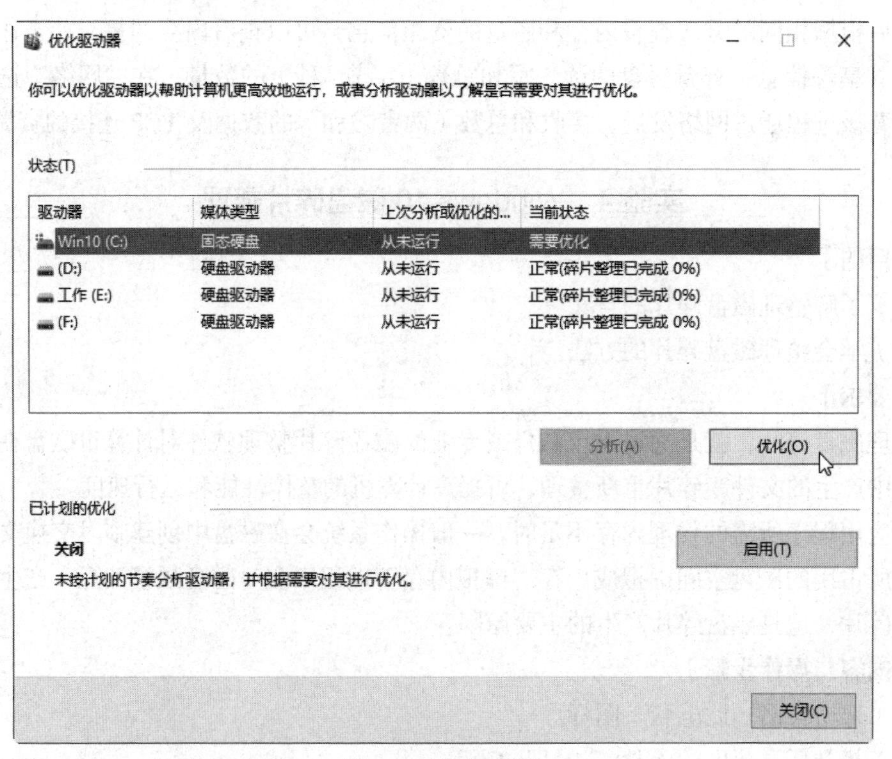

图 3-12　优化 C 盘

（5）完成以上步骤后系统就会对 C 盘进行磁盘碎片情况分析，并进行磁盘碎片整理，如图 3-13 所示。

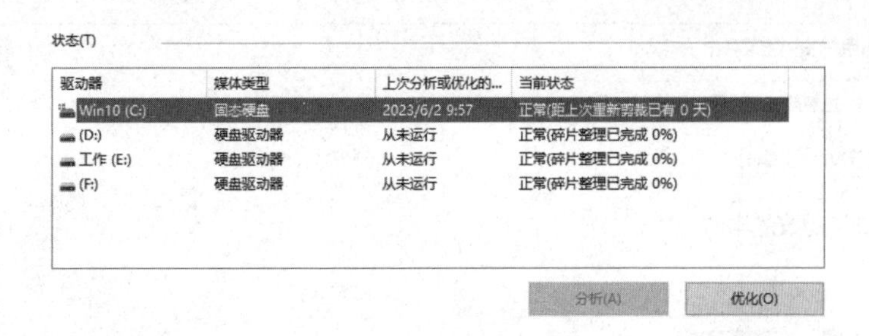

图 3-13　优化的结果

实验 5　设置 Windows 10 账户

【实验目的】

（1）了解 Windows 10 多用户的概念。

（2）掌握管理账户的方法。

【知识要求】

当很多人共用一台计算机时，每个用户都可以为自己创建账户并添加密码保护，可以保护自己的隐私。在 Windows 10 系统中有 3 种不同类型的账户，分别为 Administrator、标准用户账户和 Guest（来宾）账户。

【实验内容与操作步骤】

1. 创建账户

在 Windows 10 系统中可以通过以下两种方法创建新账户。

1）通过“管理账户”窗口创建

（1）通过搜索功能打开“控制面板”窗口，单击“更改账户类型”超链接，如图 3-14 所示。

图 3-14　打开“控制面板”窗口

（2）打开“管理账户”面板，单击左下角“在电脑设置中添加新用户”超链接，如图 3-15 所示。

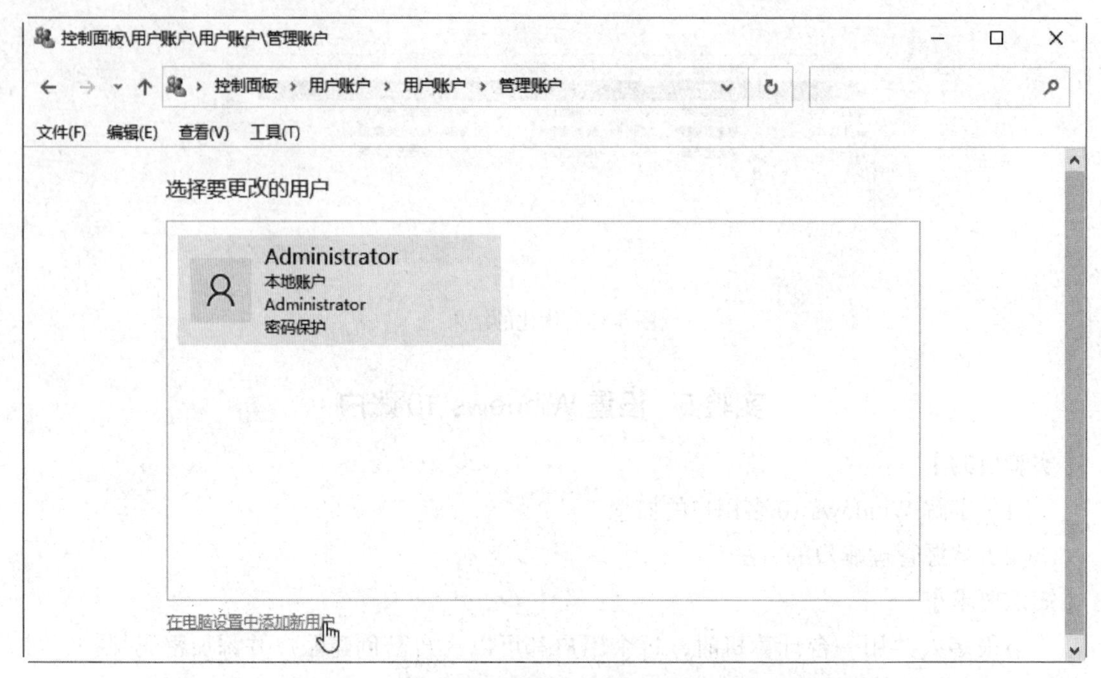

图 3-15　单击“在电脑设置中添加新用户”超链接

（3）打开“设置”窗口，在左侧选择创建账户的方式，“电子邮件和账户”可以用电子邮件来创建用户，单击“添加账户”按钮，如图 3-16 所示。根据提示步骤创建账户即可。

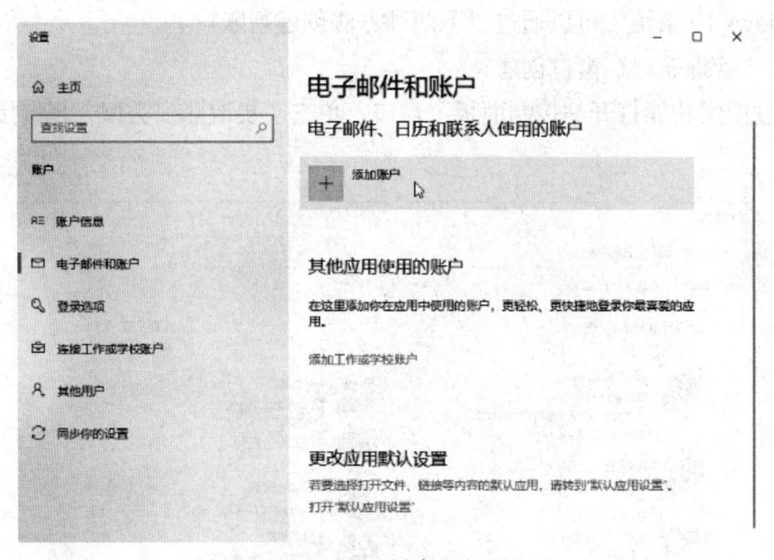

图 3-16　创建账户

2）通过“计算机管理”窗口创建账户

（1）在桌面上右击“此电脑”图标，在快捷菜单中选择“管理”命令，打开“计算机管理”窗口，然后依次选择“系统工具”→“本地用户和组”选项，在中间列表中右击“用户”选项，在快捷菜单中选择“新用户”命令，如图 3-17 所示。

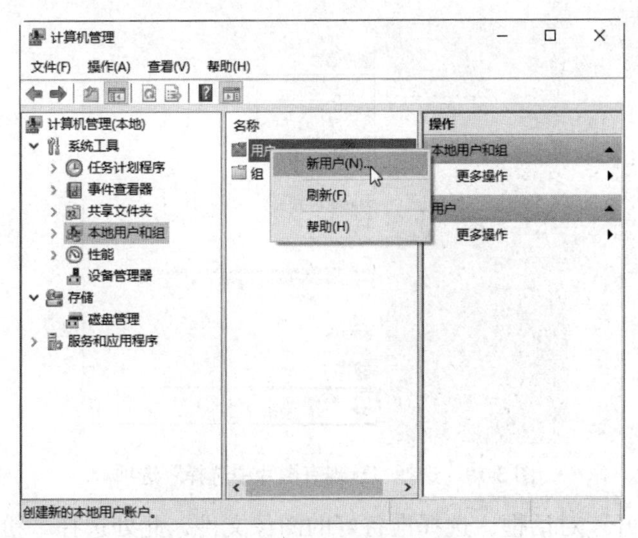

图 3-17 选择“新用户”命令

（2）打开“新用户”对话框，在“用户名”中输入名称，如果需要设置账户密码，单击“创建”按钮，即可创建新账户，如图 3-18 所示。

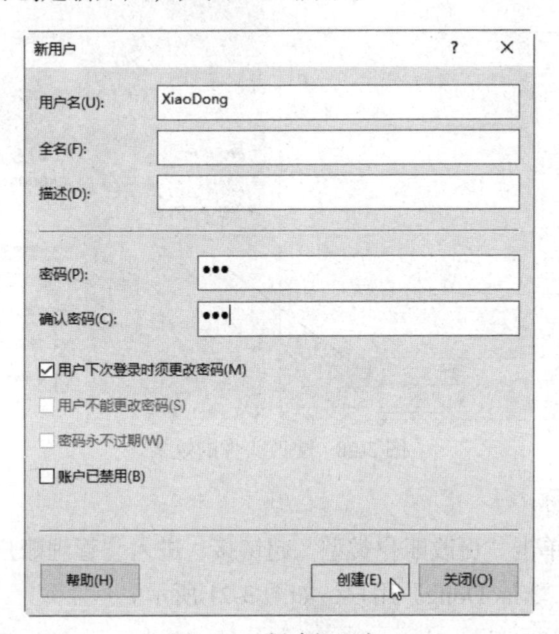

图 3-18 创建新用户

2. 设置用户账户的头像

用户账户的头像指用户在登录界面中所显示的头像，用户可以根据需要设置自定义的图像作为自己的头像。

（1）单击桌面“开始”菜单，单击账户名称，在列表中选择“更改账户设置”选项。

（2）打开“设置”窗口，在“账户信息”界面中可见新建用户没有设置头像，在“创建头像”选项区域可以选择“相机”直接进行拍摄，此处选择“从现有图片中选择”选项，如图 3-19 所示。

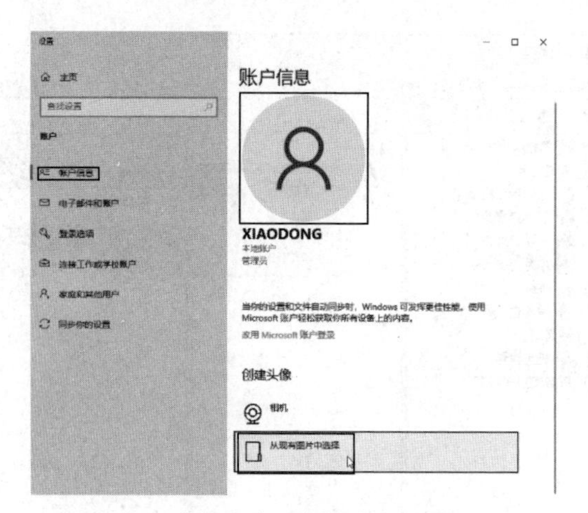

图 3-19　选择“从现有图片中选择”选项

（3）打开“打开”对话框，选择准备好的图像文件，此处选择“粉色玫瑰花”图像，单击“选择图片”按钮。

（4）用户的头像设置粉色的玫瑰花头像，如图 3-20 所示。

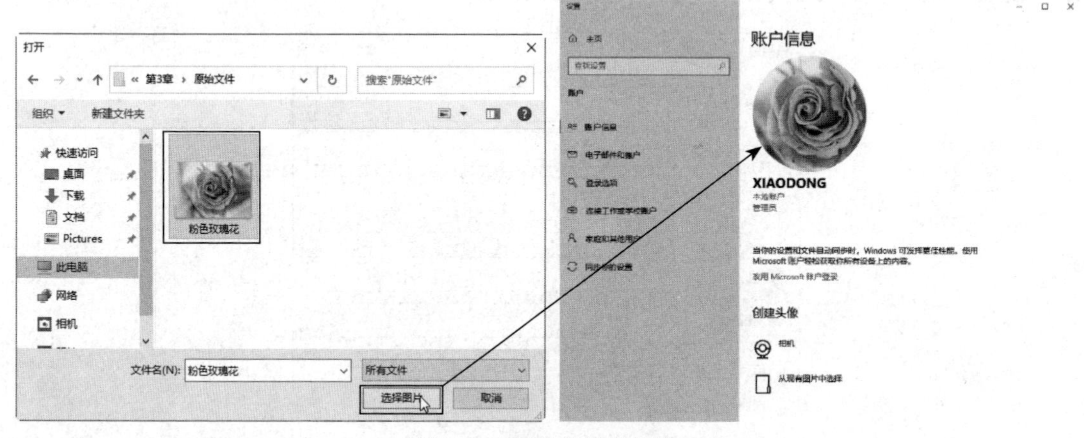

图 3-20　更改头像的效果

3. 更改账户的名称

打开控制面板，单击“更改账户类型”超链接，进入“管理账户”窗口，选择需要更改的用户，此处选择“XiaoDong”用户，如图 3-21 所示。

图 3-21　选择用户

进入“更改账户”窗口，单击“更改账户名称”超链接，打开“重命名账户”窗口，在文本框中输入用户账户的新名称，如“小栋哥”，单击“更改名称”按钮，如图3-22所示。操作完成即可将选中用户账户名称的更改。

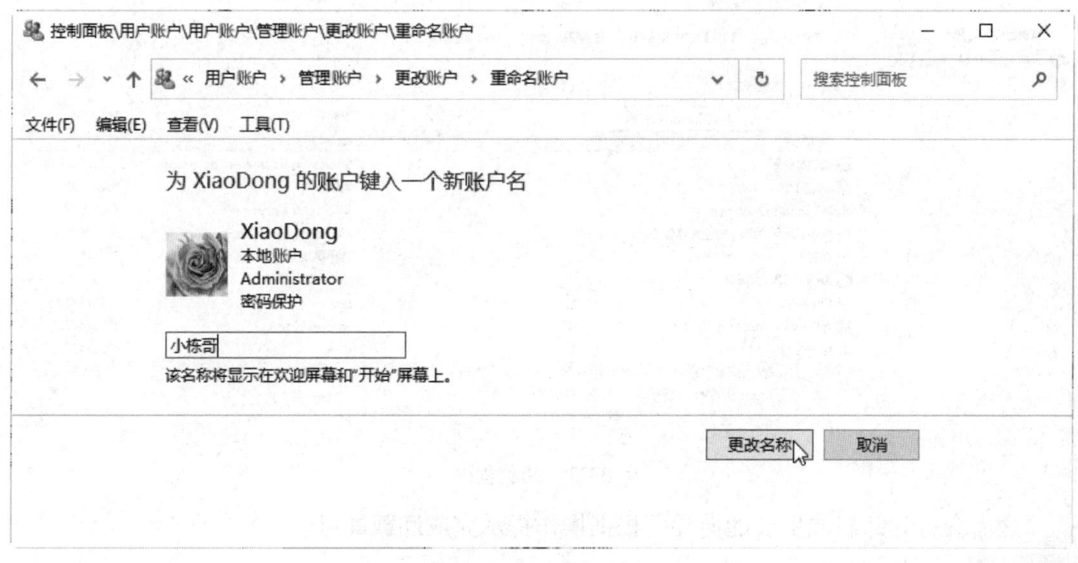

图3-22 更改用户名

实验6 Windows 10程序的设置

【实验目的】

（1）了解Windows 10程序的卸载操作。

（2）了解启用或关闭Windows功能的方法。

【知识要求】

- 掌握控制面板的使用。
- 了解程序的含义。

【实验内容与操作步骤】

1. 卸载程序

操作系统负责管理计算机的全部硬件和软件资源，因此可以通过操作系统对所有已安装的应用程序进行卸载。

打开“控制面板”，单击“程序”下方的“卸载程序”按钮，进入“程序和功能”窗口，在“卸载或更改程序”列表框中选择需要卸载的程序，如选择“360看图”程序，单击“卸载/更改”按钮，如图3-23所示。

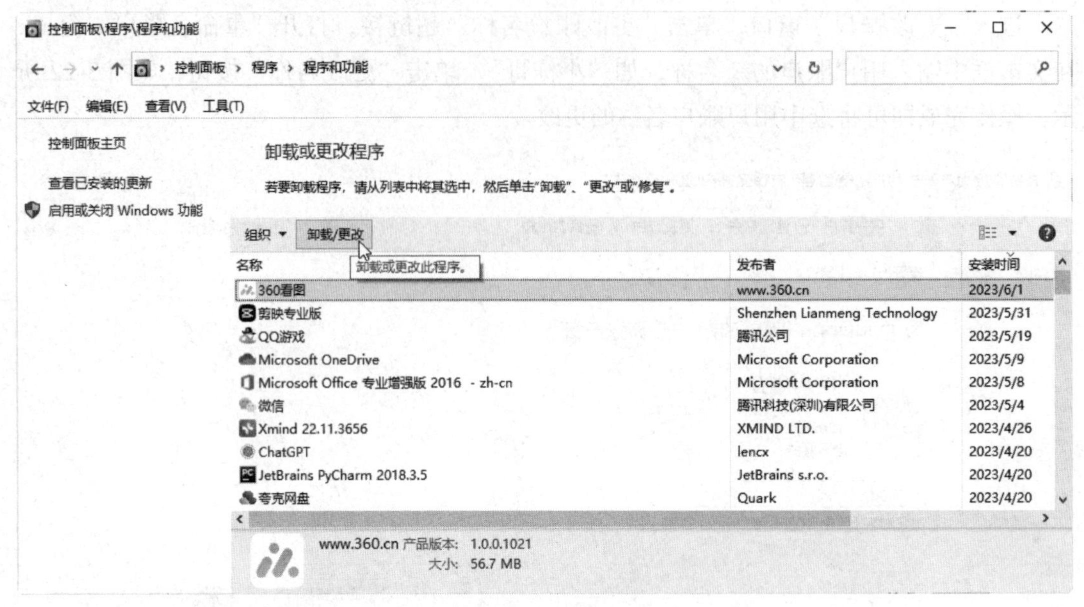

图 3-23　卸载程序

之后会打开卸载或更改的向导，根据操作提示完成卸载即可。

2. 启用或关闭 Windows 功能

Windows 附带了诸多强大的程序和功能，用户必须在使用它们之前将其打开。某些功能默认情况下是打开的，在不用时可以将其关闭。

打开“控制面板”，单击“程序”按钮，进入“程序”窗口，单击“程序和功能”下方的“启用或关闭 Windows 功能”选项卡，打开“Windows 功能”对话框，如图 3-24 所示。如果要打开某项 Windows 功能，则可以勾选对应的复选框，如果关闭某项 Womdows 功能，则取消勾选应用的复选框即可。

图 3-24　打开“Windows 功能”对话框

实验 7　Windows 10 库操作

【实验目的】

（1）熟悉显示库的方法。

（2）掌握添加文件到库的方法。

（3）掌握删除库中的文件夹方法。

（4）查看库的属性。

【知识要求】

- 了解库的工作方式。
- 掌握文件的操作。

【实验内容与操作步骤】

1. 显示库

在 Windows 10 中，库是默认不显示的，需要将它显示出来时，需要手动操作。

（1）双击桌面上的“此电脑”图标，打开资源管理器，切换至“查看”选项卡，然后单击“选项”按钮。

（2）打开“文件夹选项”对话框，切换至“查看”选项卡，在“高级设置”区域勾选“显示库”复选框，单击“确定”按钮，如图 3-25 所示。

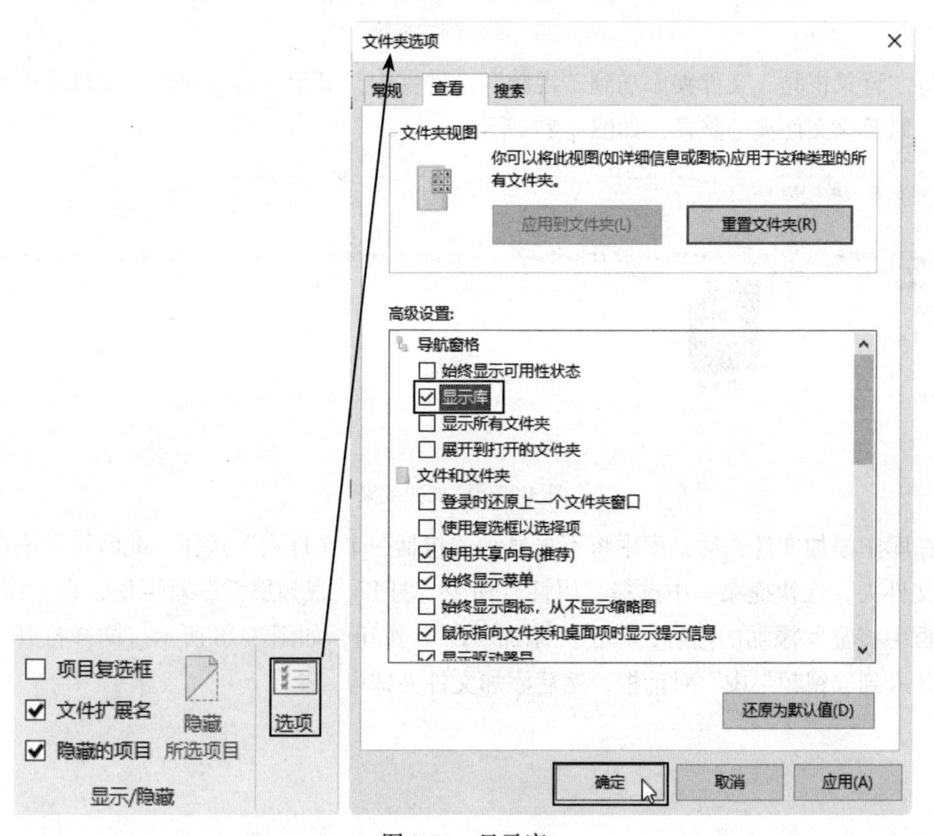

图 3-25　显示库

（3）完成设置后，在资源管理器左侧快捷方式区域即可看到“库”文件夹，其中包括“视频”“图片”“文档”和“音乐”4 部分。

2. 在库中添加内容

第一次显示库，库中并未包含任何文件夹，选择“视频”文件夹，单击“包括一个文件夹”按钮，打开“将文件夹加入到‘视频’中”对话框，选择添加到库中的文件夹，选择“背景视频”文件夹，单击“加入文件夹”按钮，如图 3-26 所示。

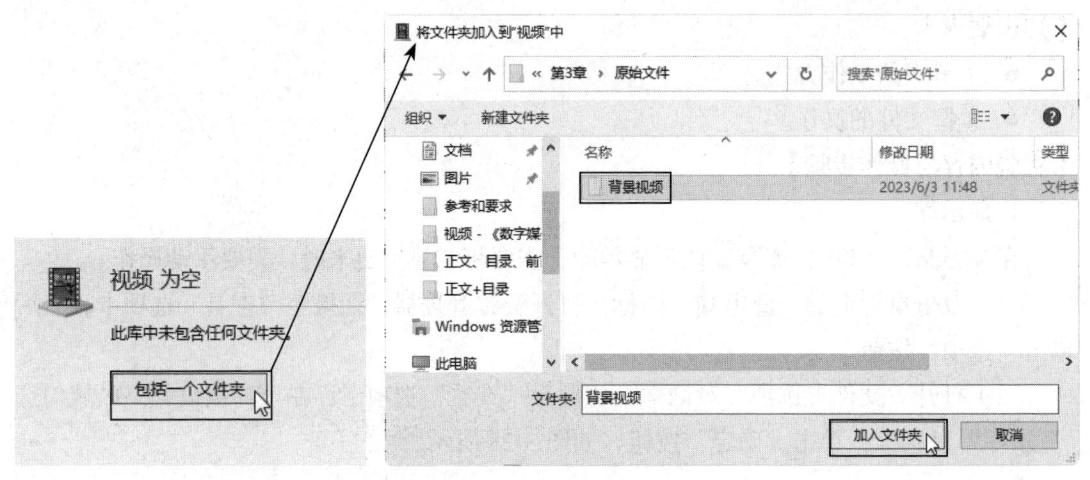

图 3-26　添加到“视频”中

将“背景视频”文件夹添加到“视频”文件夹中，显示“背景视频”文件夹中包含的内容，以及该文件夹的路径，如图 3-27 所示。

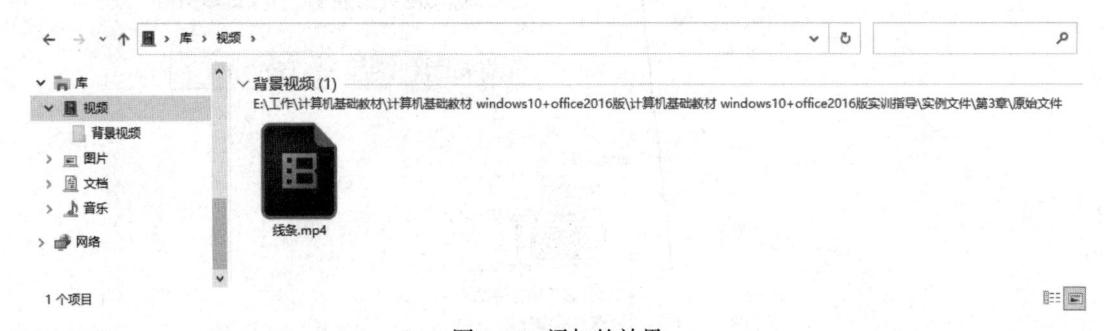

图 3-27　添加的效果

在库中添加文件夹后，库中将不再显示“包括一个文件夹”按钮，此时可以右击“视频”文件夹，在快捷菜单中选择“属性”命令，打开“视频属性”对话框，在“库位置”列表框中将显示添加的内容，单击“添加（D）”按钮，如图 3-28 所示。同样打开“将文件夹加入到‘视频’中”对话框，然后添加文件夹即可。

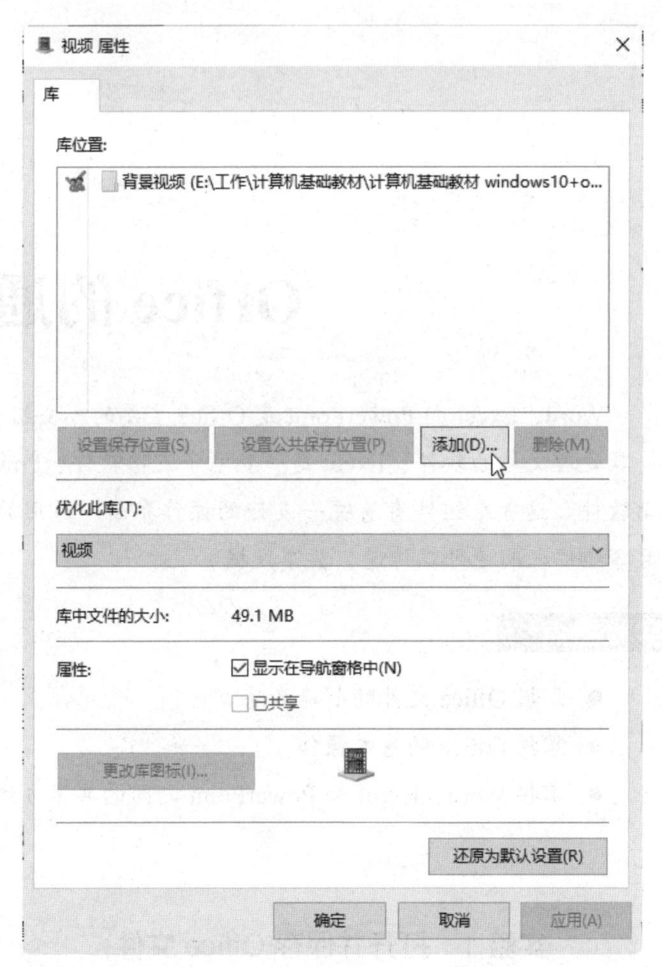

图 3-28 单击“添加（D）”按钮

3. 删除库中的文件夹

“库”实际上是一个特殊的文件夹，不过系统并不是将所有的文件都保存到“库”里，而将分布在硬盘上不同位置的同类型的文件索引，将文件信息保存到“库”中。在库中右击文件夹，在快捷菜单中选择“删除”命令，则会将保存在硬盘上的文件夹删除，而不是仅从库中删除。

例如，删除“视频”文件夹中的“背景视频”文件夹，右击“视频”文件夹，在快捷菜单中选择“属性”命令，打开“视频属性”对话框，在“库位置”列表框中选择需要删除的文件夹选项，单击“删除”按钮即可。

第4章

Office的通用操作

Word、Excel和PowerPoint是Office主要的办公组件，其中Word是一款处理文档的软件、Excel是一款电子表格软件、PowerPoint是一款演示软件。这3个组件有着统一友好的操作界面、通用的操作方法等，而且各组件之间还可以传递、共享数据。

实验重点

- 掌握Office文件的创建方法。
- 掌握Office的基本操作。
- 掌握Word、Excel和PowerPoint之间的共享方法。

实验1 打开并保存Office文件

【实验目的】

（1）了解Office文件的创建方法。

（2）掌握Office文件的保存方法。

（3）掌握Office的其他基本操作。

【知识要求】

掌握Office文件的基本操作，如新建、保存等。

【实验内容与操作步骤】

Word文档的创建、保存操作。

在“第4章”文件夹中新建Word文档，并将之命名为学生的姓名+学号，然后实现以下功能。

- 将文档的自动保存时间隔设置为5分钟。
- 在文档首行输入“打开并保存Office文件”文本。
- 将文件另存为学号+姓名的文档。

（1）打开新建的Word文档，单击“文件”标签，在列表中选择“选项”选项，打开

“Word 选项”对话框，在左侧选择“保存”选项，在右侧的“保存文档”选项区域中设置“保存自动恢复 时间间隔”为 5 分钟，最后单击“确定”按钮，如图 4-1 所示。

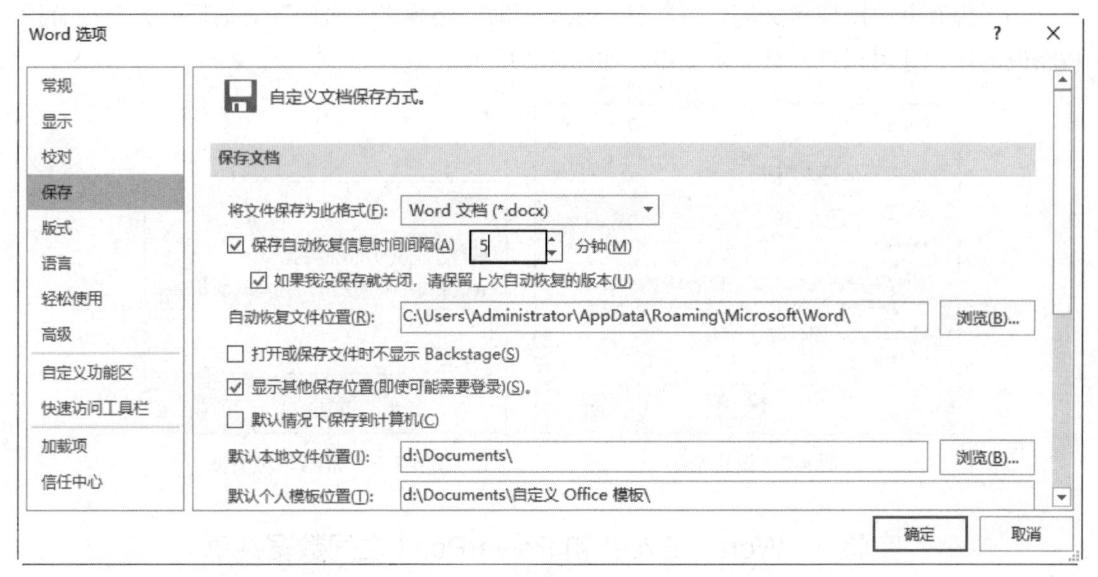

图 4-1 设置自动保存时间

（2）将光标定位到文档的第一行，切换输入法输入“打开并保存 Office 文件”文本。

（3）单击“文件”标签，在列表中选择“另存为”选项，选择“这台电脑”选项，打开“另存为”对话框，设置保存的路径，然后在“文件名”文本框中输入学号 + 姓名，单击“保存”按钮即可。

实验 2 用密码保护演示文稿

【实验目的】

掌握 PowerPoint 的密码保护方法。

【知识要求】

掌握 Office 文档基本操作中保护文档的内容，正文中以 Word 为例介绍操作方法，读者要学会举一反三，掌握 Excel 和 PowerPoint 的保护方法。

【实验内容与操作步骤】

“第 4 章 / 原始文件”文件夹中已包含“2020 年企业主营业务拓展情况 .pptx”演示文稿。下面使用密码进行保护。

（1）打开“2020 年企业主营业务拓展情况 .pptx”演示文稿，单击“文件”标签，在列表中选择“信息”选项。

（2）单击“保护演示文稿”按钮，在下拉列表框中选择“用密码进行加密”选项。

（3）打开“加密文档”对话框，在“密码”文本框中输入密码 666666，单击“确定”按钮，如图 4-2 所示。

（4）打开“确认密码”对话框，在“重新输入密码”文本框中输入 666666，单击“确定”按钮。

（5）保存并关闭演示文稿，再次打开该文档时，将弹出“密码”对话框，只有拥有授权密码的用户才可以打开该演示文稿，如图 4-3 所示。

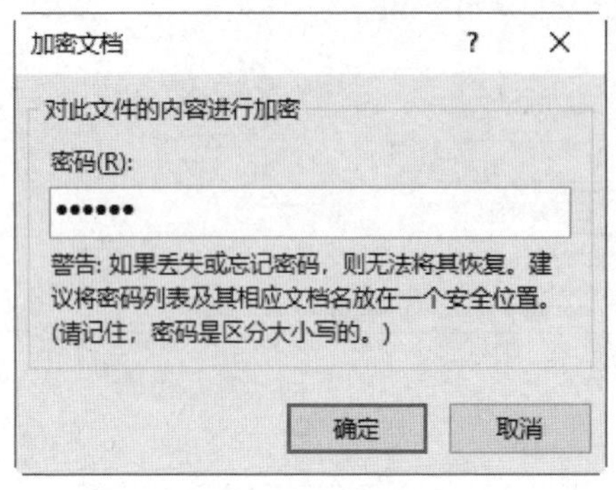

图 4-2　设置密码　　　　图 4-3　“密码”对话框

实验 3　Word、Excel 和 PowerPoint 之间数据共享

【实验目的】

（1）掌握在 Word、PowerPoint 中调用 Excel 中数据。

（2）掌握 Word 与 PowerPoint 之间的共享方法。

【知识要求】

理解并掌握 Word、Excel 和 PowerPoint 3 个组件之间的主题共享和数据共享内容。

【实验内容与操作步骤】

“第 4 章 / 原始文件”文件夹中已包含“员工基本信息表 .xlsx”工作簿。现在需要在当前文件夹中新建 Word 文档，并将之命名为“员工信息表”，然后引用 Excel 中数据，并且使数据之间呈链接的关系。

（1）打开“员工基本信息表 .xlsx”工作簿，选择 A1:J18 单元格区域，按 Ctrl+C 组合键复制之。

（2）打开创建的 Word 文档，切换至“开始”选项卡，单击“剪贴板”选项组中“粘贴”下的列表按钮，在下拉列表框中选择“选择性粘贴”选项，如图 4-4 所示。

图 4-4　选择“选择性粘贴”选项

（3）打开“选择性粘贴”对话框，单击“粘贴链接”单选按钮，从 Excel 中复制的表格与原表格之间是链接的，在“形式”列表框中选择“Microsoft Word 文档对象”选项，单击“确定”按钮，如图 4-5 所示。

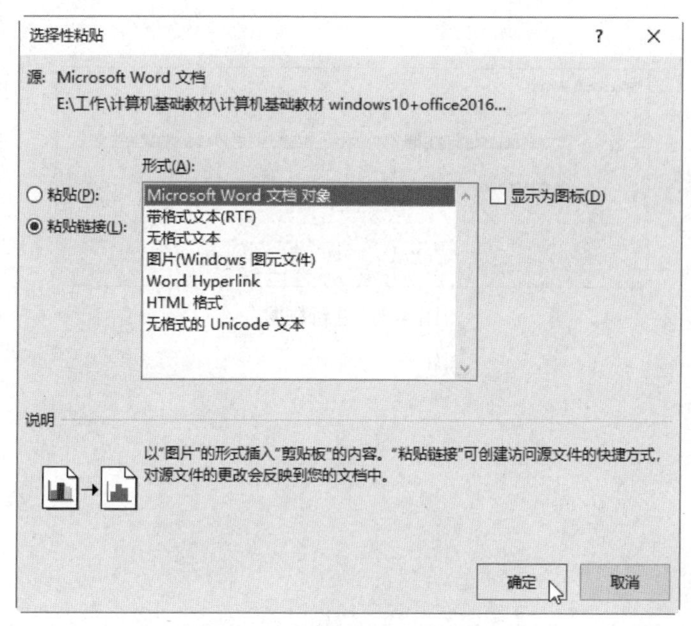

图 4-5 “选择性粘贴”对话框

（4）在当前 Word 文档中粘贴 Excel 中表格，如图 4-6 所示。

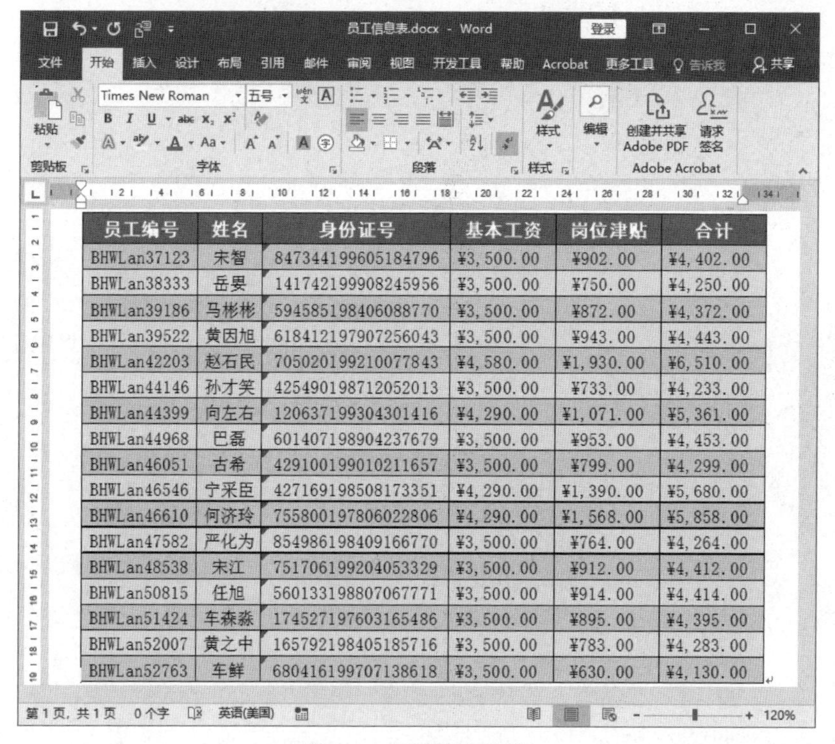

员工编号	姓名	身份证号	基本工资	岗位津贴	合计
BHWLan37123	宋智	847344199605184796	¥3, 500. 00	¥902. 00	¥4, 402. 00
BHWLan38333	岳晏	141742199908245956	¥3, 500. 00	¥750. 00	¥4, 250. 00
BHWLan39186	马彬彬	594585198406088770	¥3, 500. 00	¥872. 00	¥4, 372. 00
BHWLan39522	黄因旭	618412197907256043	¥3, 500. 00	¥943. 00	¥4, 443. 00
BHWLan42203	赵石民	705020199210077843	¥4, 580. 00	¥1, 930. 00	¥6, 510. 00
BHWLan44146	孙才笑	425490198712052013	¥3, 500. 00	¥733. 00	¥4, 233. 00
BHWLan44399	向左右	120637199304301416	¥4, 290. 00	¥1, 071. 00	¥5, 361. 00
BHWLan44968	巴磊	601407198904237679	¥3, 500. 00	¥953. 00	¥4, 453. 00
BHWLan46051	古希	429100199010211657	¥3, 500. 00	¥799. 00	¥4, 299. 00
BHWLan46546	宁采臣	427169198508173351	¥4, 290. 00	¥1, 390. 00	¥5, 680. 00
BHWLan46610	何济玲	755800197806022806	¥4, 290. 00	¥1, 568. 00	¥5, 858. 00
BHWLan47582	严化为	854986198409166770	¥3, 500. 00	¥764. 00	¥4, 264. 00
BHWLan48538	宋江	751706199204053329	¥3, 500. 00	¥912. 00	¥4, 412. 00
BHWLan50815	任旭	560133198807067771	¥3, 500. 00	¥914. 00	¥4, 414. 00
BHWLan51424	车森淼	174527197603165486	¥3, 500. 00	¥895. 00	¥4, 395. 00
BHWLan52007	黄之中	165792198405185716	¥3, 500. 00	¥783. 00	¥4, 283. 00
BHWLan52763	车鲜	680416199707138618	¥3, 500. 00	¥630. 00	¥4, 130. 00

图 4-6 查看粘贴效果

（5）返回到 Excel 工作簿中，修改相关数据，将“车鲜”的“岗位津贴”3000 调整为 600，保存 Excel。

（6）再次打开“员工信息表”时将弹出对话框，单击“是”按钮将自动更新数据，如图 4-7 所示。

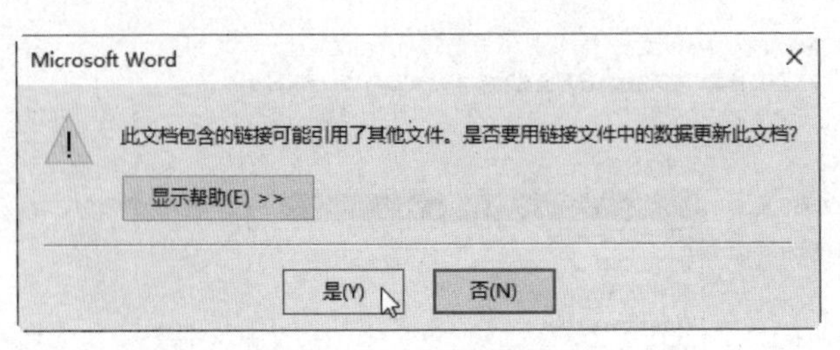

图 4-7　更新数据

第
5
章

使用 Word 2016 高效创建电子文档

Word 是现代企业日常办公中不可或缺的工具之一，目前被广泛应用于财务、人事、统计等众多领域，是集文字编辑、页面排版、打印输出等于一体的文字处理软件。

实验重点

- 熟练 Word 2016 工作界面。
- 熟练掌握文档编排的方法。
- 熟练掌握文本的输入、编辑操作。
- 熟练掌握字符和段落格式的设置。
- 熟练掌握在 Word 中表格的应用。
- 熟练掌握图像、形状和艺术字的应用。
- 熟练掌握页眉和页脚的应用。
- 熟练掌握长文档目录的提取。
- 掌握批注、脚注和尾注的使用。
- 掌握图表和 SmartArt 图形的应用。

实验 1　Word 2016 文字处理实验

【实验目的】

（1）熟悉 Word 2016 软件界面。

（2）掌握选择文本的方法。

（3）掌握保存文档的方法。

（4）掌握文本格式的设置方法。

（5）掌握段落格式的设置方法。

【知识要求】

通过学习本实验，熟悉 Word 2016 的工作界面、各功能区域，以及掌握设置文档基本的文本格式和段落格式的方法。

【实验内容与操作步骤】

在“第 5 章 / 原始文件”文件夹中的“雨 .docx”文档是从网上下载的，现在需要执行以下操作。

- 选择文档中全部内容，设置字体为思源黑体、字号为小四号。
- 为第 1 行文本设置居中对齐、取消首行缩进、字号设为二号、段前设为 1 行。
- 选择所有正文文本，设置字符间距为 1.1 磅。
- 设置行距为 1.3 倍，首行缩进 2 字符，段前和段后均为 6 磅。
- 在标题下方添加一行，输入“作者：巴金”，使之格式和正文一致，居中对齐。
- 将设置后的文档另存为“雨 .docx”文档，位置是“第 5 章 / 最终文件”文件夹中。
- 将该文档标记为最终状态，保存并关闭文档。

下面介绍具体操作方法。

（1）打开“雨 .docx”文档，按 Ctrl+A 组合键选择文档中所有内容。

（2）切换至“开始”选项卡，在“字体”选项组中设置字体为“思源黑体”、字号为“小四”，如图 5-1 所示。

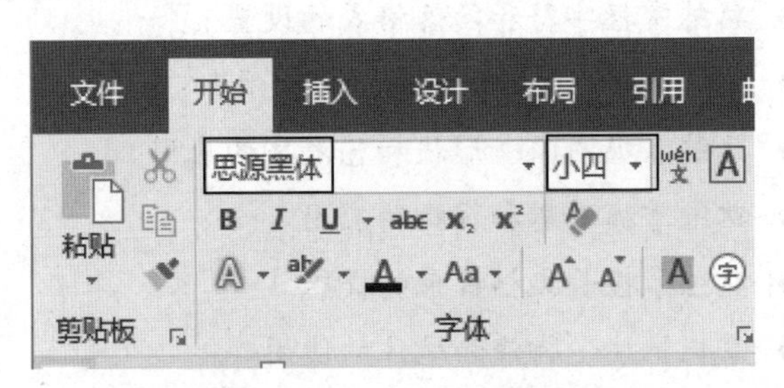

图 5-1　设置正文字体格式

（3）将光标定位在第 1 行，在“字体”选项组中设置字号为“二号”，在“段落”选项组中单击“居中”按钮。

（4）单击“段落”选项组中对话框启动器按钮，打开“段落”对话框，在“缩进和间距”选项卡设置“特殊格式（S）”为“无”，“段前（B）”为“1 行”，单击“确定”按钮，如图 5-2 所示。

（5）选择除第 1 行之外的文本，单击“字体”选项组中对话框启动器按钮，打开“字体”对话框，切换至“高级”选项卡，设置“间距”为“加宽”，设置“磅值”为“1.1 磅”，如图 5-3 所示。

（6）保持文本为选中状态，单击“段落”选项组中对话框启动器按钮，打开“段落”对话框，设置“段前”和“段后”为“6 磅”，行距为 1.3，单击“确定”按钮，如图 5-4 所示。

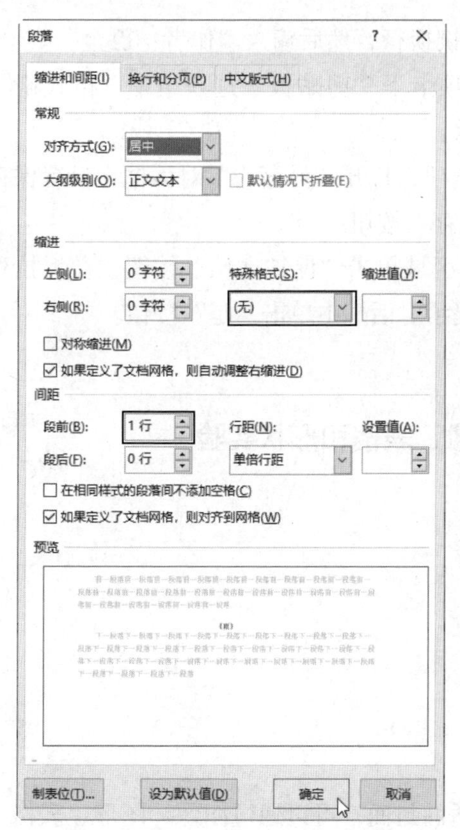

图 5-2 设置第 1 行文本段落格式

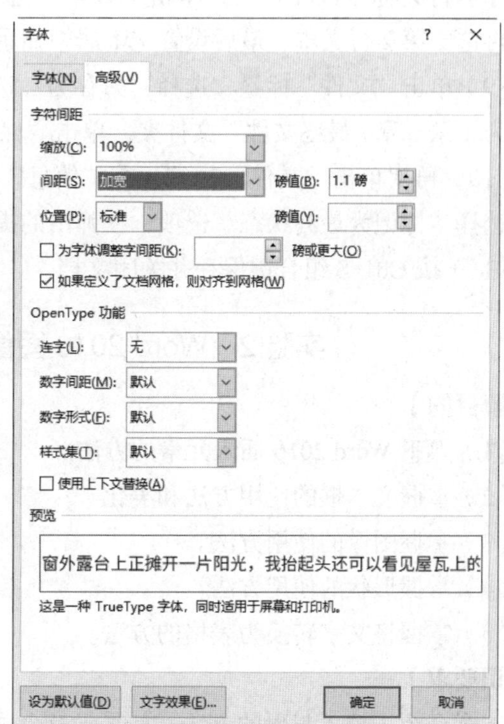

图 5-3 设置字符间距

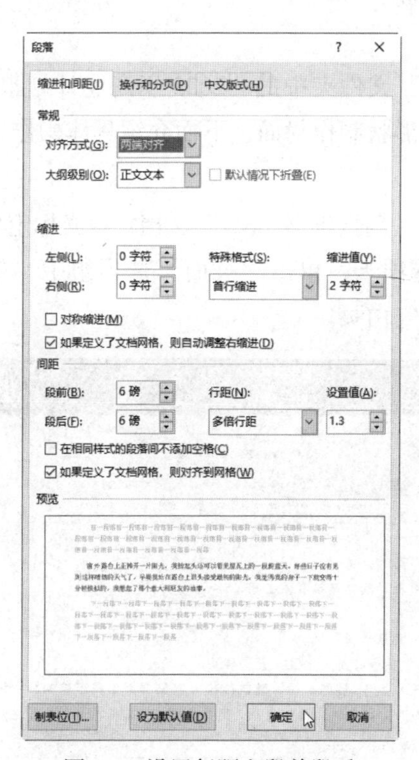

图 5-4 设置行距和段前段后

（7）将光标定位在第 1 行文本右侧按 Enter 键换行，然后输入“作者：巴金”。

（8）将光标定位在正文，单击“开始”选项卡下“剪贴板”选项组中“格式刷”按钮。再选中第 2 行文本，最后设置文本居中显示。

（9）单击“文件”标签，选择“另存为”选项，打开“另存为”对话框，设置保存的位置为“第 5 章 / 最终文件”文件夹，单击“保存”按钮。

（10）再次单击“文件”标签，在“信息”区域单击“保护文档”按钮，在下拉列表框中选择“标记为最终状态”选项，在弹出的提示对话框中单击“是”按钮。

（11）按 Ctrl+S 组合键保存并关闭文档。

实验 2　Word 2016 图像、表格和形状实验

【实验目的】

（1）熟悉 Word 2016 插入元素的方法。

（2）掌握文本框的使用方法和美化。

（3）掌握图像的使用方法。

（4）掌握形状的使用方法。

（5）掌握将文字转换为表格的方法。

【知识要求】

本章介绍了插入封面的方法，如果没有合适的封面，可以通过图像、图形、表格、文本框的使用方法以自定义封面。

【实验内容与操作步骤】

在“第 5 章 / 原始文件”文件夹中的“2023 年商业计划报告书 .docx”文档，现在需要通过添加文本框、图像和形状制作封面，下面介绍具体操作方法。

1. 封面文本的设置

（1）打开“2023 年商业计划报告书 .docx”文档，将光标定位在文档第 1 行的最左侧。

（2）切换至“插入”选项卡，单击“页面”选项组中“空白页”按钮，如图 5-5 所示，即可在第一页添加一张空白页。

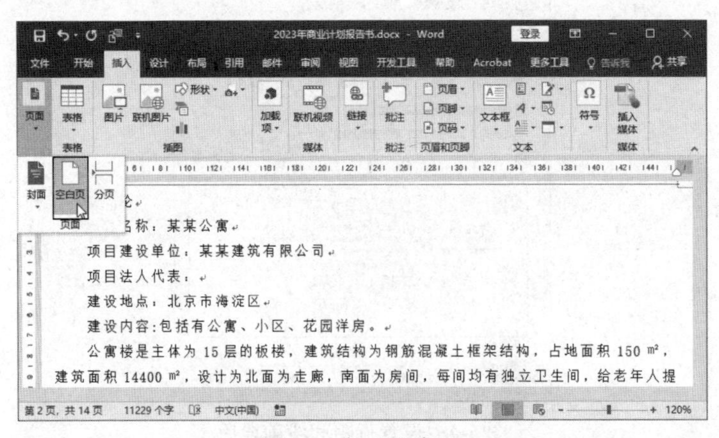

图 5-5　插入空白页

（3）切换至“插入”选项卡，单击“文本”选项组中“文本框”下方列表按钮，在下拉列表框中选择“绘制横排文本框”选项。

（4）光标变为黑色十字形状后在插入的空白页中绘制文本框。

（5）选择绘制文本框，切换至“绘图工具 - 格式”选项卡，在“形状样式”选项组中设置“无填充”和“无轮廓”。

（6）然后在文本框中输入 2023 文本，在“开始”选项卡的“字体”选项组中设置字体和字号，如图 5-6 所示。

图 5-6 插入“2023”

（7）选择文本框并复制，然后在复制的文本框中输入“商业计划报告书”文本，并设置字体、字号，如图 5-7 所示。

2023

商业计划报告书

图 5-7 插入“商业计划报告书”

（8）根据相同的方法复制文本框，输入其他文本并设置格式。打开“字符”对话框，设置字符间距。

（9）调整文本框的大小和位置，选择所有文本框，切换至“绘图工具 - 格式”选项卡，单击“排列”选项组中“对齐”按钮，在下拉列表框中选择“水平居中”选项，文本的效果将如图 5-8 所示。

2023

商业计划报告书

BUSINESS PLAN

北京升盛工程有限公司

图 5-8 对齐文本框

（10）选择最下方文本框，切换至“绘图工具 - 格式”选项卡，单击“插入形状”选项组中“编辑形状”按钮，在下拉列表框中选择“更改形状”选项，在子列表中选择“圆角矩形”形状，如图 5-9 所示。

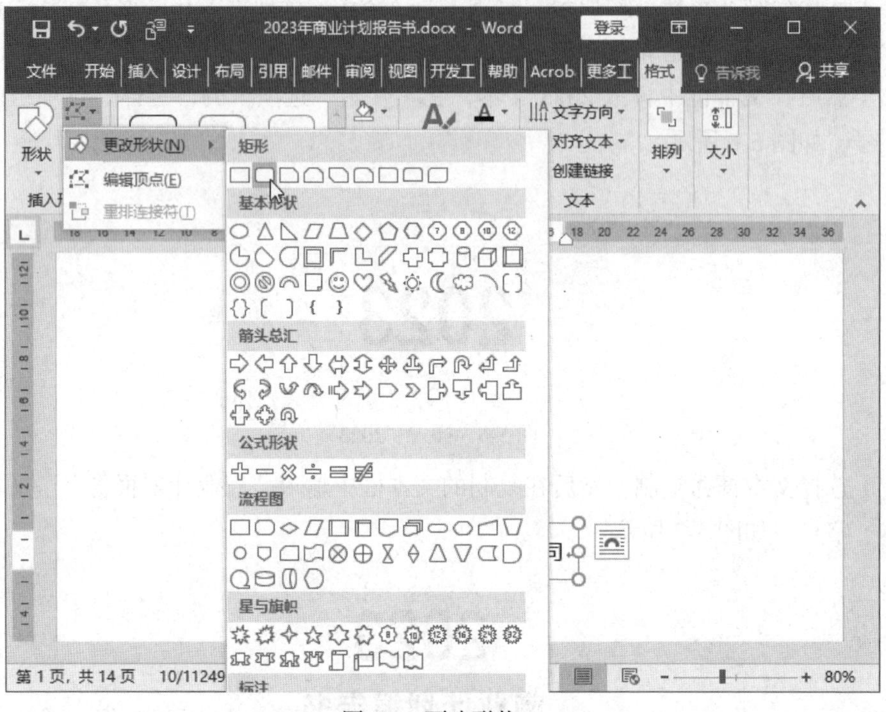

图 5-9　更改形状

（11）调整黄色控制点使圆角矩形的圆最大，然后右击圆角矩形，在快捷菜单中选择“设置形状格式”命令，在打开的“设置形状格式”导航窗格的“布局属性”选项卡下设置“上边距”为“0 厘米”，在文本框中可以完全显示文本了。

（12）为圆角矩形填充深红色，设置 2023 文本的颜色也为深红色，至此，封面的文本设置完成，简易的封面也设置完成了，如图 5-10 所示。

2023

商业计划报告书

BUSINESS PLAN

北京升盛工程有限公司

图 5-10　封面的文本

2. 使用图像和形状修改封面

（1）光标定位在封面页，切换至“插入”选项卡，单击“插图”选项组中“图片”按钮。

（2）打开“插入图片”对话框，选择准备好的“城市 1.jpg”图像文件，单击“插入”按钮，如图 5-11 所示。

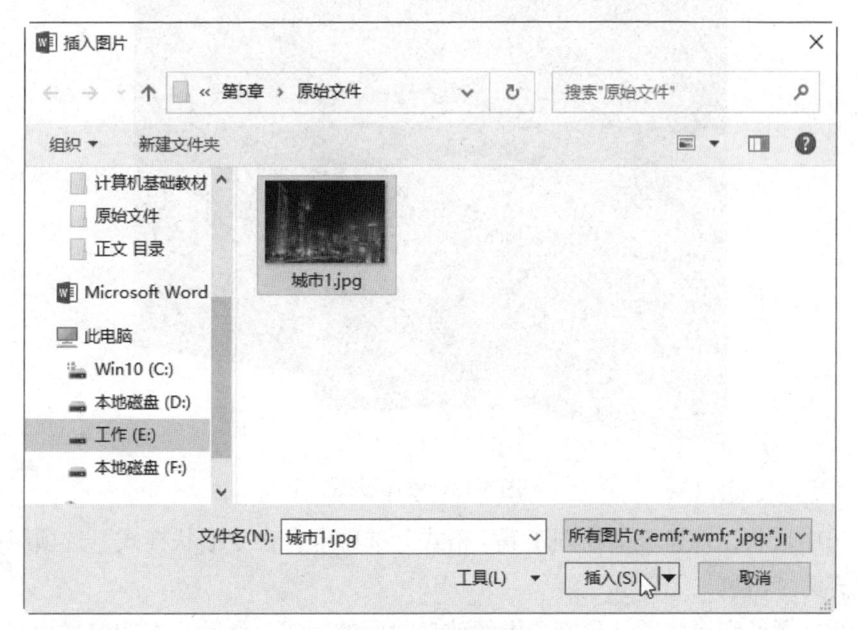

图 5-11　插入图像

（3）图像插入页面中，选择图像，单击右侧“布局选项”按钮，在列表中选择“浮于文字上方”选项。

（4）此时图像遮挡了封面的文本。选择图像，切换至“图片工具 - 格式”选项卡，单击“排列”选项组中“下移一层”右侧列表按钮，在下拉列表框中选择“置于底层”选项，此时文本在图像上方了，但是图像影响文本的显示了，如图 5-12 所示。

图 5-12　调整图像层次

（5）切换至“插入”选项卡，单击“插图”选项组中“形状”按钮，在下拉列表框中选择“平行四边形”，在页面中绘制形状。

（6）在“绘图工具 - 格式”选项卡，单击“排列”选项组中“旋转”按钮，在下拉列表框中选择相应的选项对形状进行旋转。再调整其大小和位置，使其形状和页面等宽，如图 5-13 所示。

图 5-13　添加形状

（7）选中形状，切换至“绘图工具 - 格式”选项卡，在“形状样式”选项组中设置平行四边填充为“白色，无轮廓”。

（8）添加图像和形状后，还需要继续改变封面的版式，调整文本的位置为右对齐，此时，可以在右侧绘制垂直的直线作为参考线辅助定位，如图 5-14 所示。

图 5-14　调整文本的位置

（9）此时，封面的左侧和下方是比较空的，还需要添加形状起到平衡作用。在图像的左下角添加平行四边形，并设置填充和无轮廓。

（10）再复制两平行四边形并调整其大小，使用填充颜色从左到右逐渐变浅，制作一种渐变的效果，如图 5-15 所示。

图 5-15　添加平行四边形

（11）在封面的右下角绘制矩形，其填充颜色与图像左下角一样，颜色从右到左是由深到浅形成渐变的效果。

（12）将最下方的文本框设置为“无填充无轮廓”，再适当缩小字号，取消加粗显示，最后将其调整到页面的下方和绘制矩形水平中心对齐。

（13）至此，封面页制作完成，效果如图 5-16 所示。

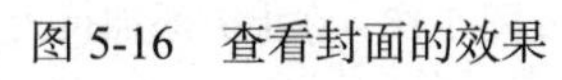

图 5-16　查看封面的效果

3. 表格的应用

下面介绍表格的设置方法，包括设置美观、专业的三线表格，以及使用图表分析表格中的数据。

（1）在“2023年商业计划报告书.docx”文档中第13页的“投资估算”文本下方左侧的文本与右侧的数据之间添加英文分号“;”，用分隔符方便将文本转换为表格。

（2）选择文本，切换至“插入”选项卡，单击“表格”选项组中“表格”按钮，在下拉列表框中选择“文本转换成表格”选项，如图5-17所示。

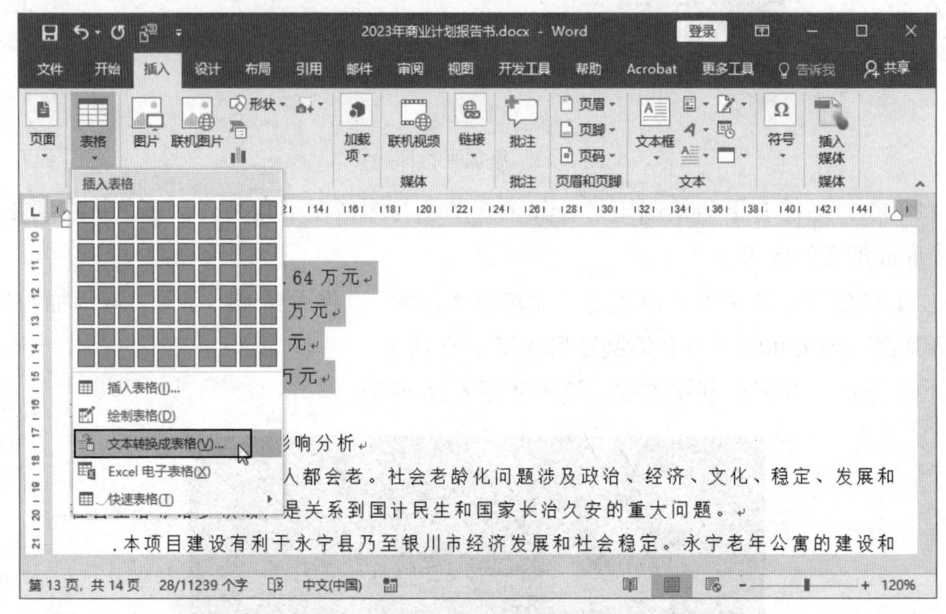

图 5-17　选择“文本转换成表格”选项

（3）打开“将文字转换成表格”对话框，Word会自动识别分隔符，单击“确定”按钮。

（4）将文本转换成表格，此时还需要为表格添加标题行。选择第1行，右浮动工具栏中单击“插入”按钮，在下拉列表框中选择“在上方插入”选项，如图5-18所示。

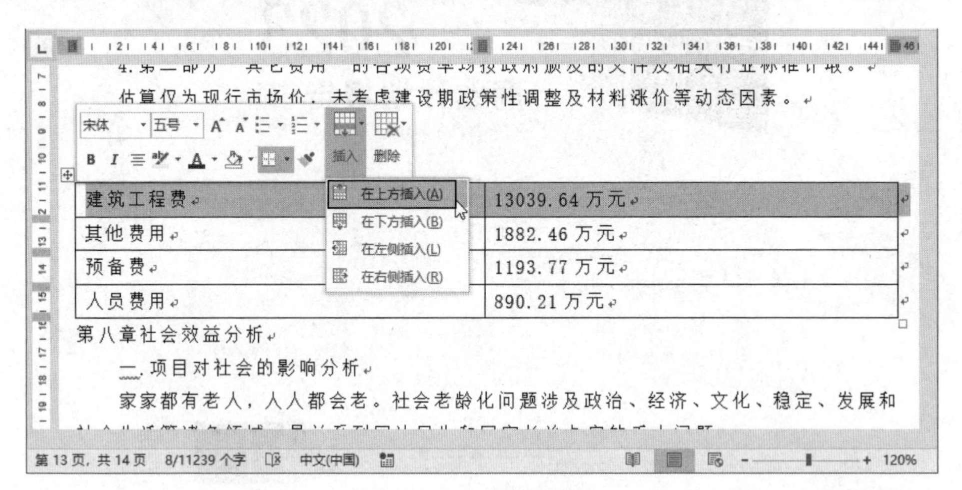

图 5-18　在上方添加行

（5）在插入的行中输入相关标题文本“项目”和“费用（万元）”，然后将数字右侧“万元”文本删除，因为数字后面添加单位将使之无法参与计算。

（6）接下来设置表格的样式，全选表格，切换至“表格工具 - 设计”选项卡，在“边框”选项组中单击“边框”下方列表按钮，在下拉列表框中选择“无框线”选项。

（7）保持表格为选中状态，在“边框”选项组中设置“笔画粗细”为“1.5 磅”，“笔颜色”为“黑色”，单击“边框”下方列表按钮，在下拉列表框分别选择“下框线”和“上框线”两个选项，表格的效果将如图 5-19 所示。

投资估算

项目	费用（万元）
建筑工程费	13039.64
其他费用	1882.46
预备费	1193.77
人员费用	890.21

图 5-19　设置上下框线

（8）选择表格第 1 行，在“边框”选项组中设置“笔画粗细”为“0.75 磅”，在“边框”列表中选择“下框线”选项，三线表格三条线绘制完成，如图 5-20 所示。

投资估算

项目	费用（万元）
建筑工程费	13039.64
其他费用	1882.46
预备费	1193.77
人员费用	890.21

图 5-20　三线表格的样式

（9）保持第 1 行为选中状态，将文本加粗显示。将光标移至表格右下角小正方形上按住鼠标左键向下和向左拖动，增加行高并减小列宽。

（10）全选表格，切换至“表格工具 - 布局”选项卡，单击“对齐方式”选项组中的“水平居中”按钮。表格的效果如图 5-21 所示。如果为突出某数据可以加粗显示，或设置颜色等。

项目	**费用（万元）**
建筑工程费	13039.64
其他费用	1882.46
预备费	1193.77
人员费用	890.21

图 5-21　三线表的效果

4. 图表的应用

本示例演示如何展示项目中所有费用，并使用饼图直观地表现各种费用的大小和比例，具体操作如下所示。

（1）将光标定位到表格的下一行最左侧，按Enter键换行。将光标定位到空白行，切换至“插入”选项卡，单击“插图”选项组中“图表”按钮。

（2）打开“插入图表”对话框，在“所有图表”选项卡中选择“饼图”选项，在右侧选择“饼图”选项，可以预览饼图的效果，单击“确定”按钮，如图5-22所示。

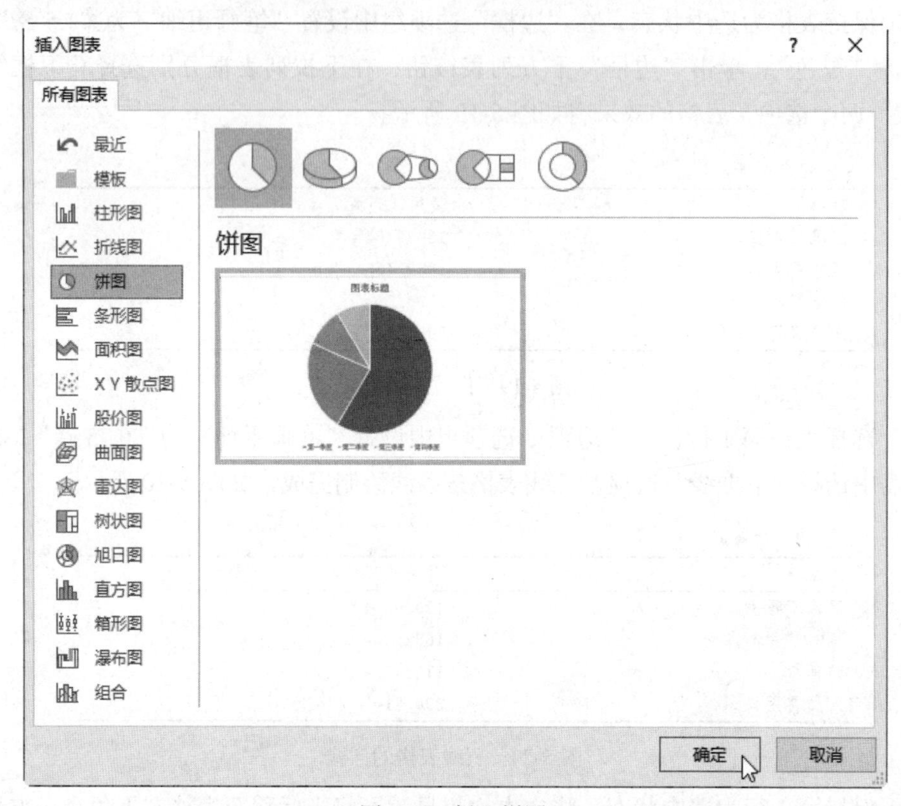

图5-22　插入饼图

（3）此时在表格下方插入饼图，同时打开Excel工作表。将Word表格中的数据选中并复制到Excel数据区域，饼图的效果将如图5-23所示。

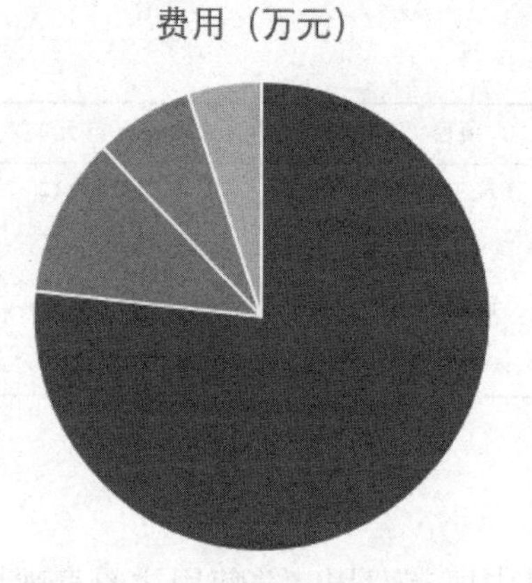

图5-23　修改数据

（4）选择图像，切换至“图表工具 - 设计”选项卡，单击“图表样式”选项组中“更改颜色”按钮，在下拉列表框中选择“单色调色板 5”选项，如图 5-24 所示。

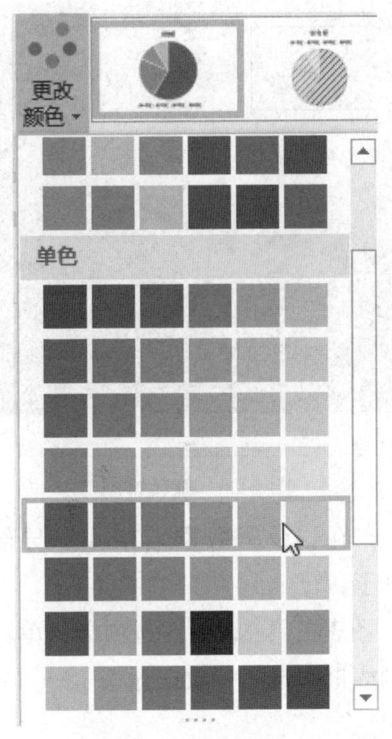

图 5-24 更改颜色

（5）单击“图表样式”选项组中“其他”按钮，在列表中选择“样式 7”选项，图表的效果如图 5-25 所示。

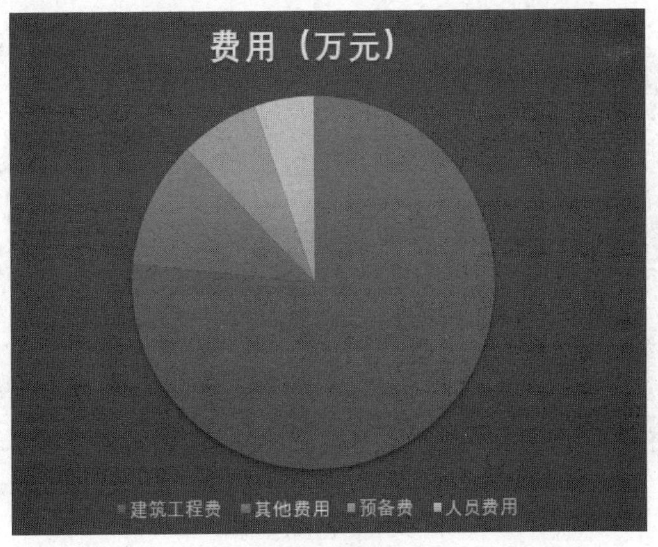

图 5-25 应用样式

（6）接下来分离最小扇区并突出显示之。选择饼图扇区并右击，在快捷菜单中选择“设置数据系列格式”命令，打开“设置数据系列格式”导航窗格，在“系列选项”中设置“第一扇区起始角度”为 80°，对饼图适当旋转，如图 5-26 所示。

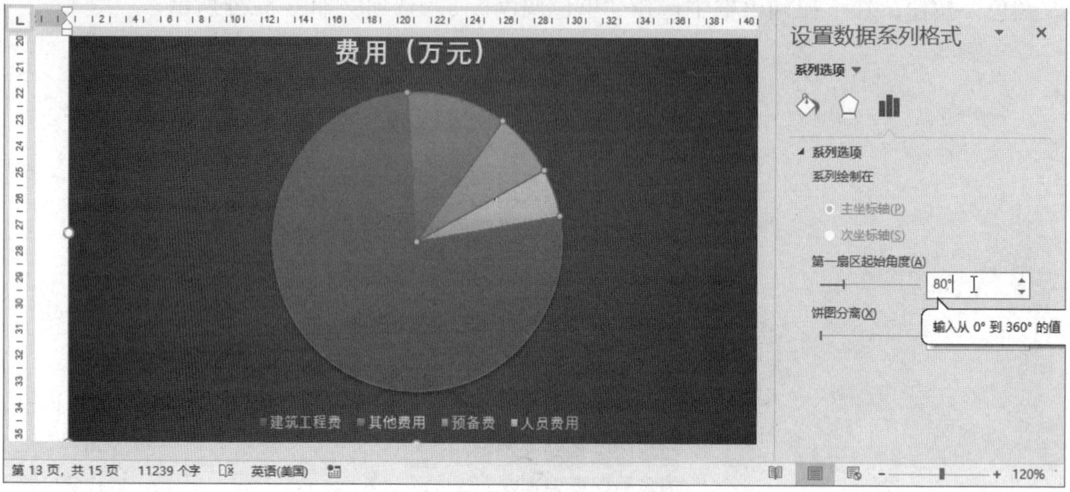

图 5-26　旋转饼图

（7）在最小扇区上双击，在“设置数据点格式”导航窗格中设置“点分离”为“20%”，就将该扇区分离出来了。

（8）选中图表，切换至“图表工具 - 设计”选项卡，单击“图表布局”选项组中“添加图表元素”按钮，在下拉列表框中选择“数据标签”→“数据标签内”选项，为各扇区添加数据标签。

（9）选择添加的数据标签，在“设置数据标签格式”导航窗格中的“标签选项”区域中取消勾选“值（V）”复选框，勾选“百分比（P）”复选框，数据标签以百分比显示各扇区的比例，如图 5-27 所示。

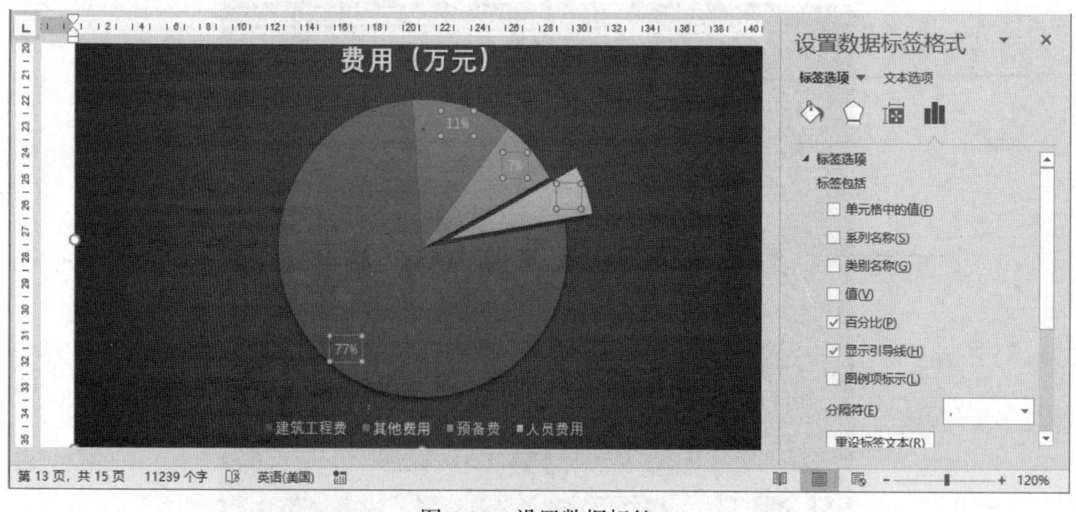

图 5-27　设置数据标签

（10）最后对表格适当调整，将图例移到右侧，添加标题，设置文本格式，将最小扇区的数据标签拖到外侧单独显示，效果如图 5-28 所示。

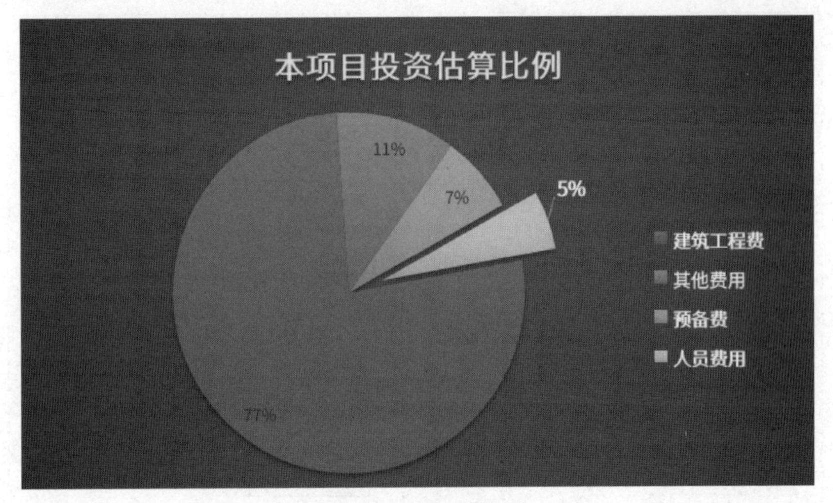

图 5-28 饼图的效果

实验 3 长文档的操作实验

【实验目的】

（1）掌握 Word 页面设置的方法。

（2）掌握项目符号和编号的使用方法。

（3）掌握标题样式的应用方法。

（4）掌握分栏的方法。

（5）掌握提取目录的方法。

（6）掌握编辑目录的方法。

【知识要求】

本实验涉及知识点比较多，但是这也是编辑长文档的基本方法，学生要掌握本章关于长文档编辑的相关内容。

【实验内容与操作步骤】

“第 5 章 / 原始文件”文件夹中的“商业计划报告书 .docx”文档已经由前文实验设置文本和段落格式，而且通过本章实验 2 添加了封面，现在进一步编辑该文档，具体操作如下所示。

1. 页面的设置

（1）打开“商业计划报告书 .docx”文档，切换至“布局”选项卡，单击“页面设置”选项组中“页边距”按钮，在下拉列表框中选择“自定义页边距”选项。

（2）打开“页面设置”对话框，在“页边距”选项卡的“页边距”选项区域中分别设置“上（T）”“下（B）”的值为“3 厘米”和“3.2 厘米”；“左（L）”和“右（R）”的值均为“2.5 厘米”，如图 5-29 所示。

（3）切换至“纸张”选项卡，设置纸张的高度为“28 厘米”、宽度为“21 厘米”，单击“确定”按钮，如图 5-30 所示。

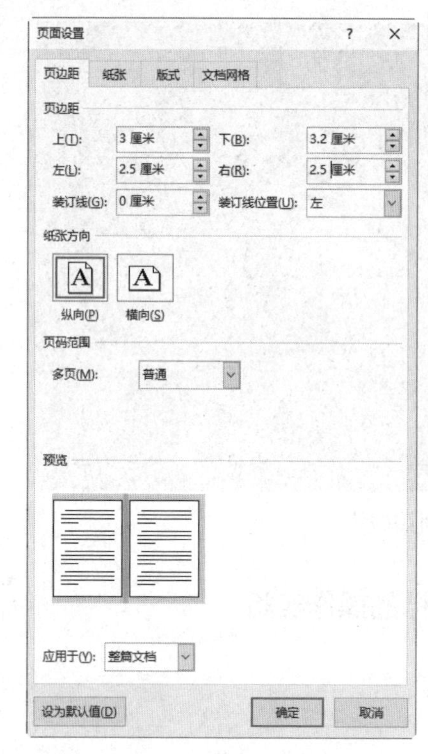

图 5-29　设置页边距

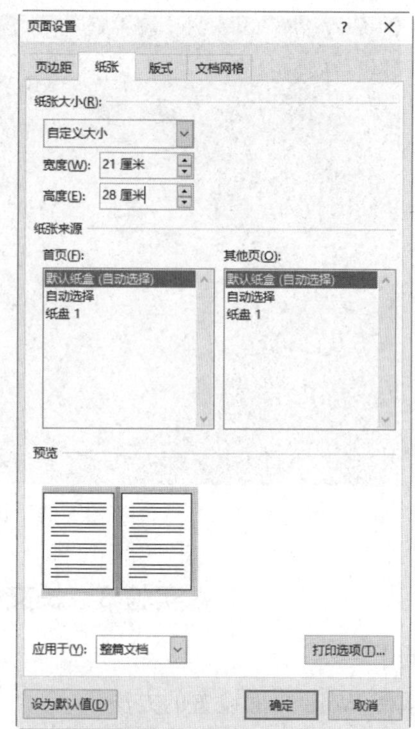

图 5-30　设置纸张大小

2. 应用标题样式

（1）按住 Ctrl 键选择所有章标题文本，切换至“开始”选项卡，单击“样式”选项组中“其他”按钮，在列表中选择“标题 1”选项，所选中文本应用该样式。

（2）根据相同的方法为节标题应用“标题 2”样式；为“一、”标题应用“标题 3”样式。打开“导航”窗格，查看应用标题样式的效果，如图 5-31 所示。

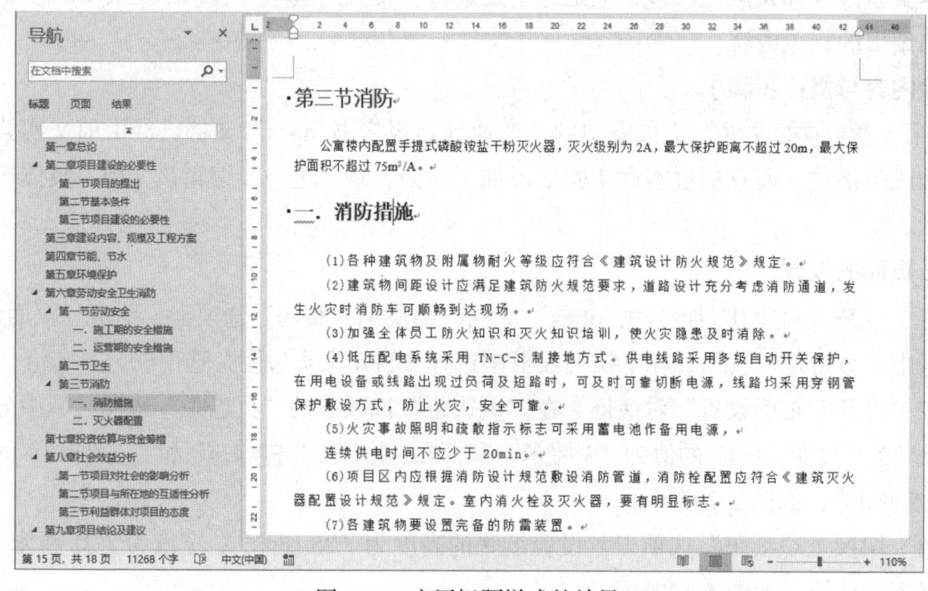

图 5-31　应用标题样式的效果

（3）修改“标题 3”样式，单击“样式”选项组中“其他”按钮，在列表中的“标题 3”上右击，在快捷菜单中选择“修改”命令。

（4）打开“修改样式”对话框，在“格式”区域设置“字号”为“四号”，单击“格式”按钮，在下拉列表框中选择“格式”选项。

（5）打开“段落”对话框，设置“段前（B）”和“段后（F）”均为“6 磅”，行距为 1.5，单击“确定”按钮，如图 5-32 所示。

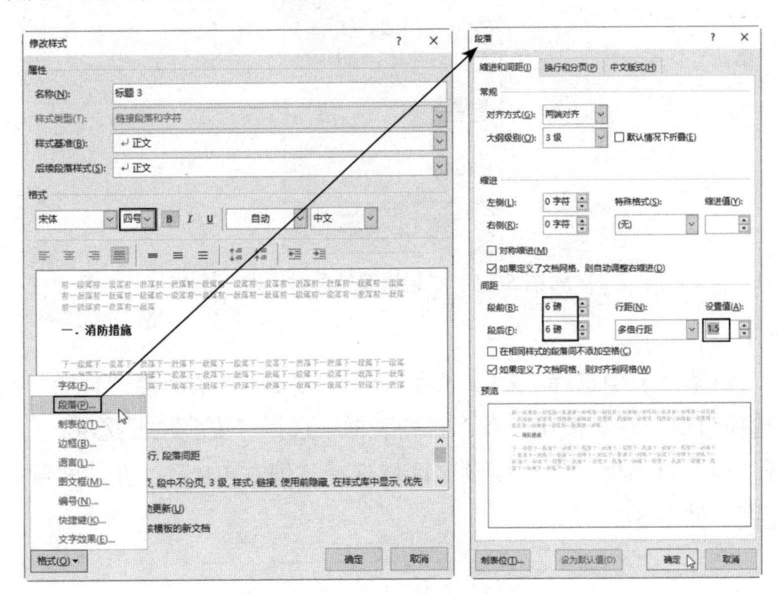

图 5-32　修改标题 3 样式

3. 添加编号

（1）选择文档正文中加粗的文本，切换至“开始”选项卡，单击“段落”选项组中“编号”右侧的列表按钮，在下拉列表框中选择合适的编号选项，如图 5-33 所示。

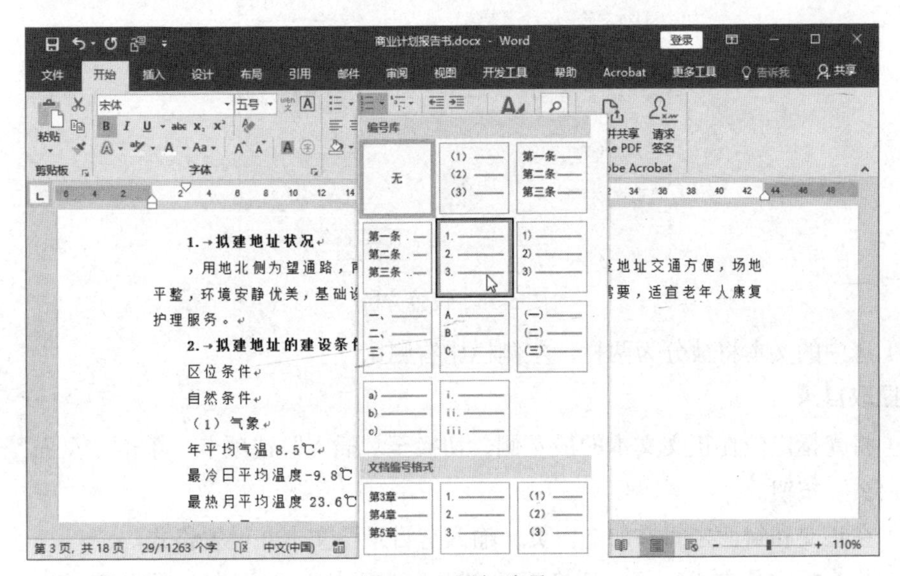

图 5-33　添加编号

（2）因为上一步操作是为所有文本添加编号，所在跨节的编号将会延续上一节的编号。若需为各节重新编号，可以选择本节中所有应用编号的文本并右击，在快捷菜单中选择“重新开始于1”命令即可。也可以选择“设置编号值”命令，打开“起始编号”对话框，设置“值设置为（V）”为1，单击“确定”按钮即可，如图5-34所示。

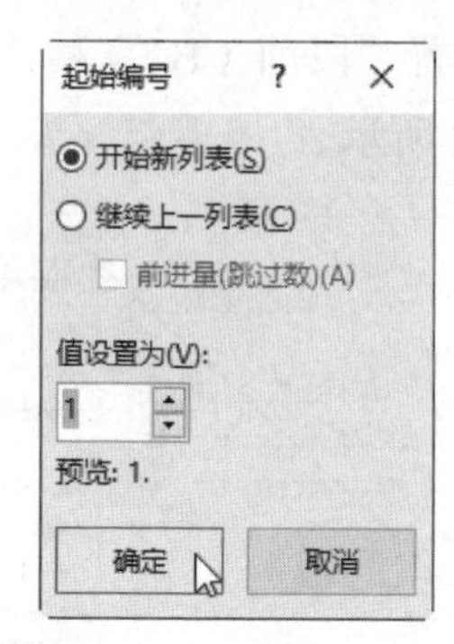

图5-34　“起始编号”对话框

4. 分栏显示

（1）在第二章第二节中选择“（1）气象”下方的文本，切换至“布局”选项卡，单击“页面设置”选项组中“栏”按钮，在下拉列表框中选择“更多栏”选项。

（2）打开“栏”对话框，在“预设”区域选择“偏右（R）”，在“宽度和间距”选项区域中设置宽度，如图5-35所示。

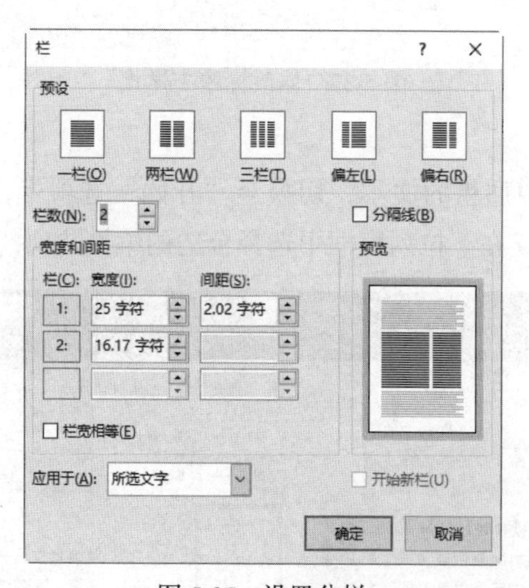

图5-35　设置分栏

（3）选中的文本将被分为两栏，左侧栏比右侧宽。

5. 提取目录

（1）将光标定位在正文文本的最左侧，切换至“插入”选项卡，单击“页面”选项组中“空白页”按钮。

（2）在正文和封面之间添加空白页，输入“目录”文本并设置格式。

（3）将光标定位在下一行，切换至“引用”选项卡，单击“目录”选项组中“目录”

按钮，在下拉列表框中选择“自定义目录”选项。

（4）打开“目录”对话框，设置“显示级别（L）”为“3”，其他保持默认设置，单击“确定”按钮，如图 5-36 所示。

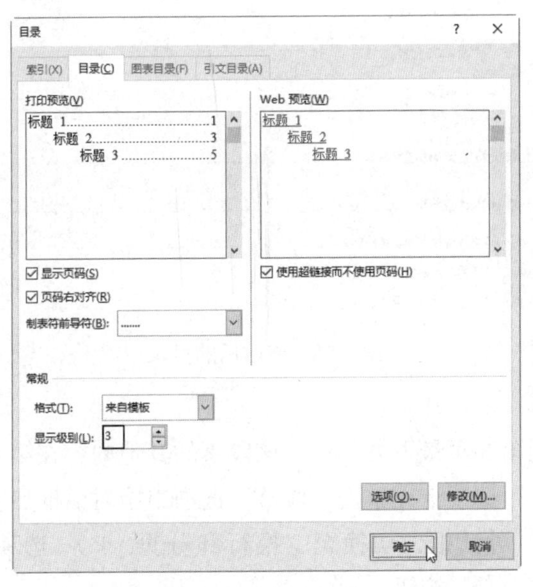

图 5-36　提取目录

（5）然后即可在光标定位处添加文档的目录。

（6）根据不同级别设置目录中文本的格式，增加目录的层次感。打开“目录”对话框，单击“修改”按钮。

（7）打开“样式”对话框，选择“目录 1”选项，单击“修改”按钮。

（8）打开“修改样式”对话框，设置字体和字号，单击“格式”按钮，在下拉列表框中选择“格式”选项，在打开的“段落”对话框中设置段落格式，如图 5-37 所示。

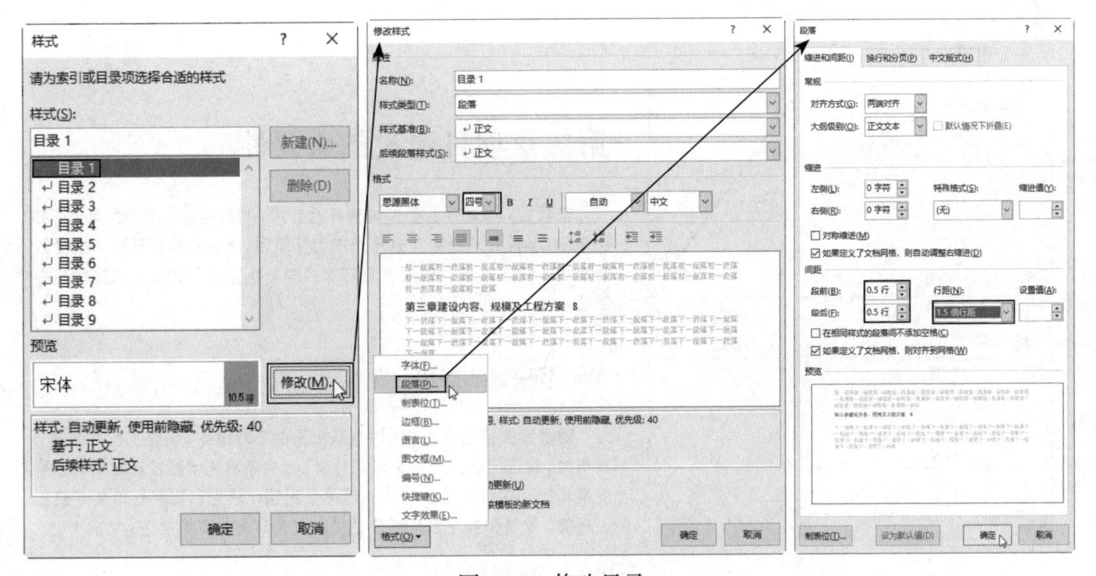

图 5-37　修改目录

（9）用相同的方法修改其他目录的格式，修改后目录的层次更清晰了，如图 5-38 所示。

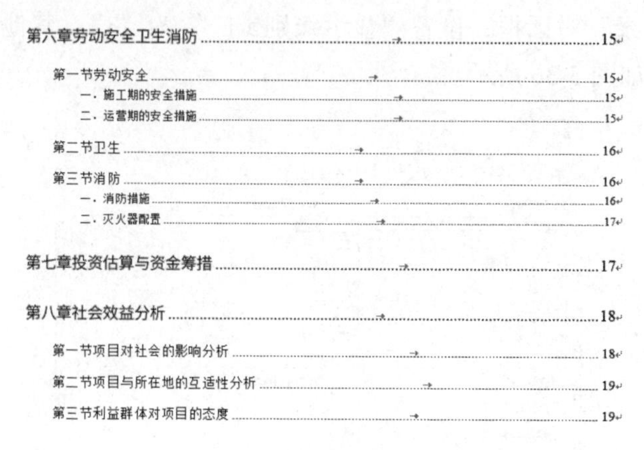

图 5-38　修改后的目录

6. 孤行控制

（1）将光标定位到第 3 页最下方一行，该段落的其他内容在第 4 页。

（2）切换至“开始”选项卡，单击“段落”选项组中对话框启动器按钮。

（3）打开“段落”对话框，切换至“换行和分页（P）”选项卡，勾选“孤行控制（W）”复选框，单击“确定”按钮。

（4）该行文本和节标题移到下一页上方，如图 5-39 所示。

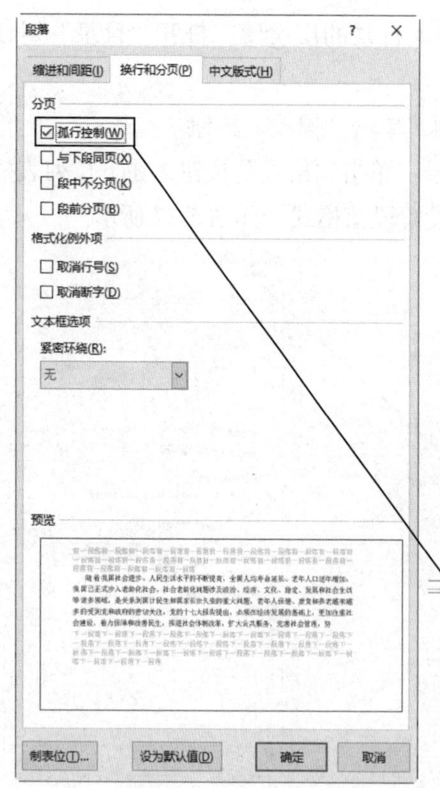

图 5-39　设置孤行控制

7. 添加页眉和页脚

除封面和目录页外，为所有正文添加页眉和页脚，要求偶数页页眉显示文档标题，在页脚左侧显示页码；奇数页页眉显示应用“标题 1”的文本，页脚右侧显示页码。

（1）将光标定位于目录最下方，切换至“布局”选项卡，单击“页面设置”选项组中“分隔符”按钮，在下拉列表框中选择“下一页”选项。

（2）双击页眉，进入页眉和页脚编辑状态，将光标定位在正文第 1 页页眉，切换至“页眉和页脚工具 - 设计”选项卡，勾选“选项”选项组中“首页不同”和“奇偶页不同”复选框。

（3）单击“页眉和页脚”选项组中“页眉”按钮，在下拉列表框中选择“空白”选项。

（4）选择页眉中间文本并删除，单击“插入”选项组中“文档部件”按钮，在下拉列表框中选择“域”选项。

（5）打开“域”对话框，设置“类别（C）”为“链接和引用”，在“域名（F）”列表中选择“StyleRef”选项，在“样式名（N）”列表中选择“标题 1”选项，单击“确定”按钮，如图 5-40 所示。

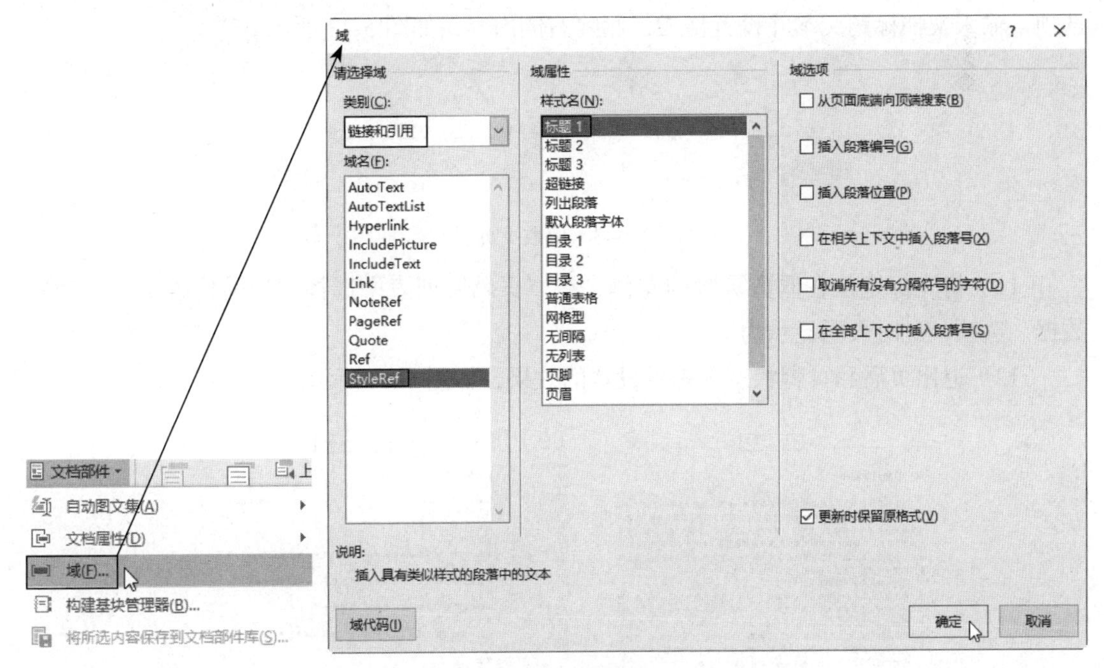

图 5-40　设置域

（6）返回工作区，在页眉中添加当前页面中标题 1 的文本。

（7）光标切换至页脚，并设置右对齐。单击“页码”按钮，在下拉列表框中选择“当前位置”→“普通数字”选项。

（8）添加的页码为 3，这是从封面页为起始页的。单击“页码”按钮，在下拉列表框中选择“设置页码格式”选项，打开“页码格式”对话框，选择“起始页码（A）”单选按钮，在右侧文本框中输入 1，单击“确定”按钮，如图 5-41 所示。

（9）此时页面是从 1 开始了，如图 5-42 所示。

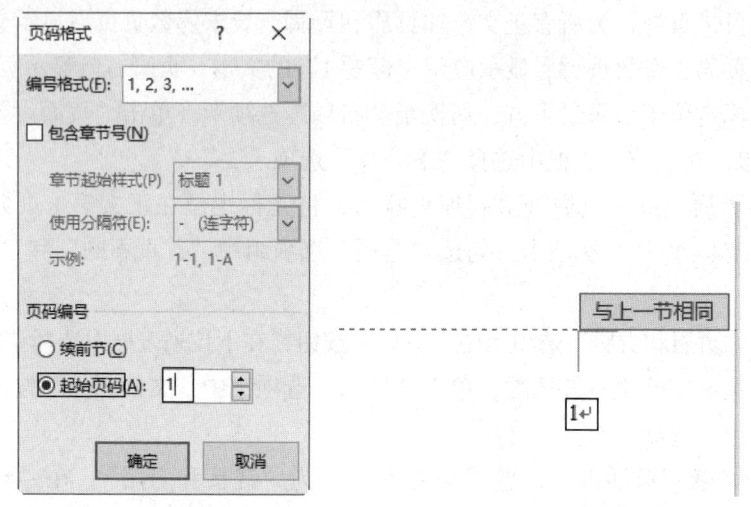

图 5-41　设置起始页码　　　　　　图 5-42　查看效果

（10）将光标定位在偶数页页眉，单击“页眉”按钮，在下拉列表框中选择“丝状”选项，输入文档标题文本并设置格式，删除右侧内容，如图 5-43 所示。

图 5-43　偶数页页眉

（11）将光标定位在偶数页脚的左侧，在“页码”列表中选择“当前位置”→“普通数据”选项，此时页码显示为 2。

（12）退出页眉和页脚状态，查看设置的效果，如图 5-44 所示。

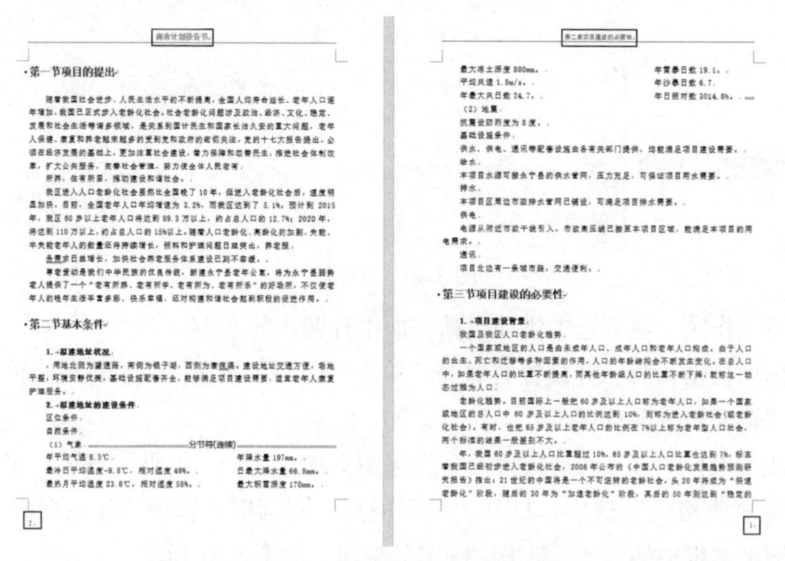

图 5-44　添加页眉和页脚的效果

实验 4　批量制作文档实验

【实验目的】

（1）掌握主文档和数据源的制作方法。

（2）掌握邮件合并功能。

【知识要求】

- 使用 Excel 制作数据源。
- 在 Word 中制作主文档。
- 使用邮件合并功能。

【实验内容与操作步骤】

1. 设计准考证

打开“准考证 .docx”文档，该文档已经设置好文本格式，现在需要将“考场号”与其他 4 个字文本对齐。

选择“考场号”文本，切换至“开始”选项卡，单击“段落”选项组中“中文版式”按钮，在下拉列表框中选择“调整宽度（I）”选项。打开“调整宽度”对话框，设置“新文字宽度（T）”为“4 字符”，单击“确定”按钮，如图 5-45 所示。

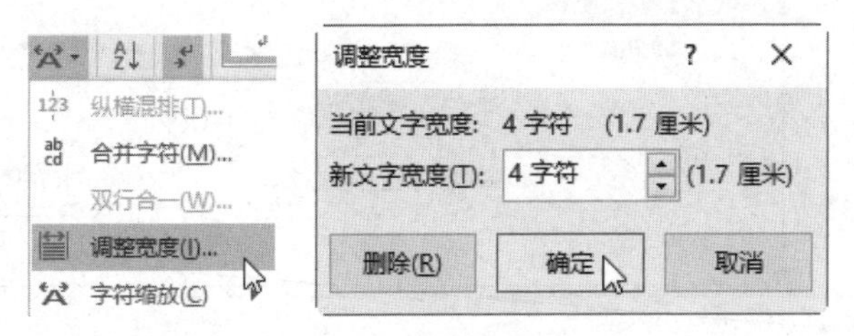

图 5-45　设置文字宽度

设置完成后，“考场号”与其他 4 个字文本两端都对齐了。然后根据相同的方法设置“性别”文本占 3 个字符宽度，如图 5-46 所示。

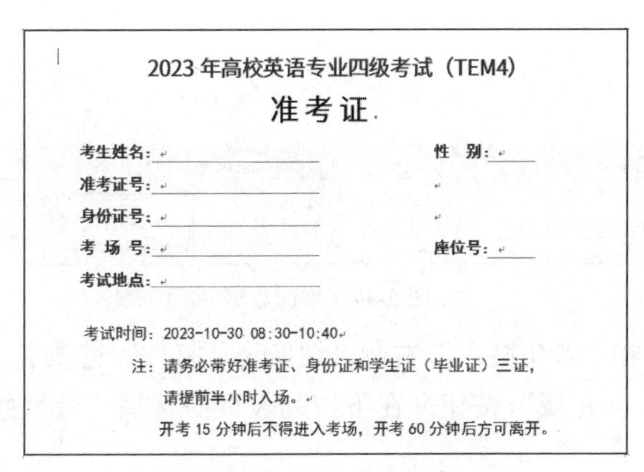

2023 年高校英语专业四级考试（TEM4）

准考证

考生姓名：　　　　性　别：

准考证号：

身份证号：

考 场 号：　　　　座位号：

考试地点：

考试时间：2023-10-30 08:30-10:40

注：请务必带好准考证、身份证和学生证（毕业证）三证，

请提前半小时入场。

开考 15 分钟后不得进入考场，开考 60 分钟后方可离开。

图 5-46　准考证的效果

2. 制作准考证

“第 5 章 / 原始文件”文件夹中的“考生信息表 .xlsx”工作簿中已包含准考证上的内

容，其中包括 68 位考生的信息。下面介绍批量生成 68 份准考证的方法。

（1）打开“考生信息表 .docx”文档，切换至“邮件”选项卡，单击“开始邮件合并”选项组中“选择收件人”按钮，在下拉列表框中选择“使用现有列表（E）”选项。

（2）打开“选取数据源”对话框，选择准备好的“考生信息表 .xlsx”工作簿，单击“打开”按钮。

（3）打开“选择表格”对话框，因为“考生信息表 .xlsx”工作簿中只有一张工作表，所以默认选择该工作表，直接单击“确定”按钮，如图 5-47 所示。

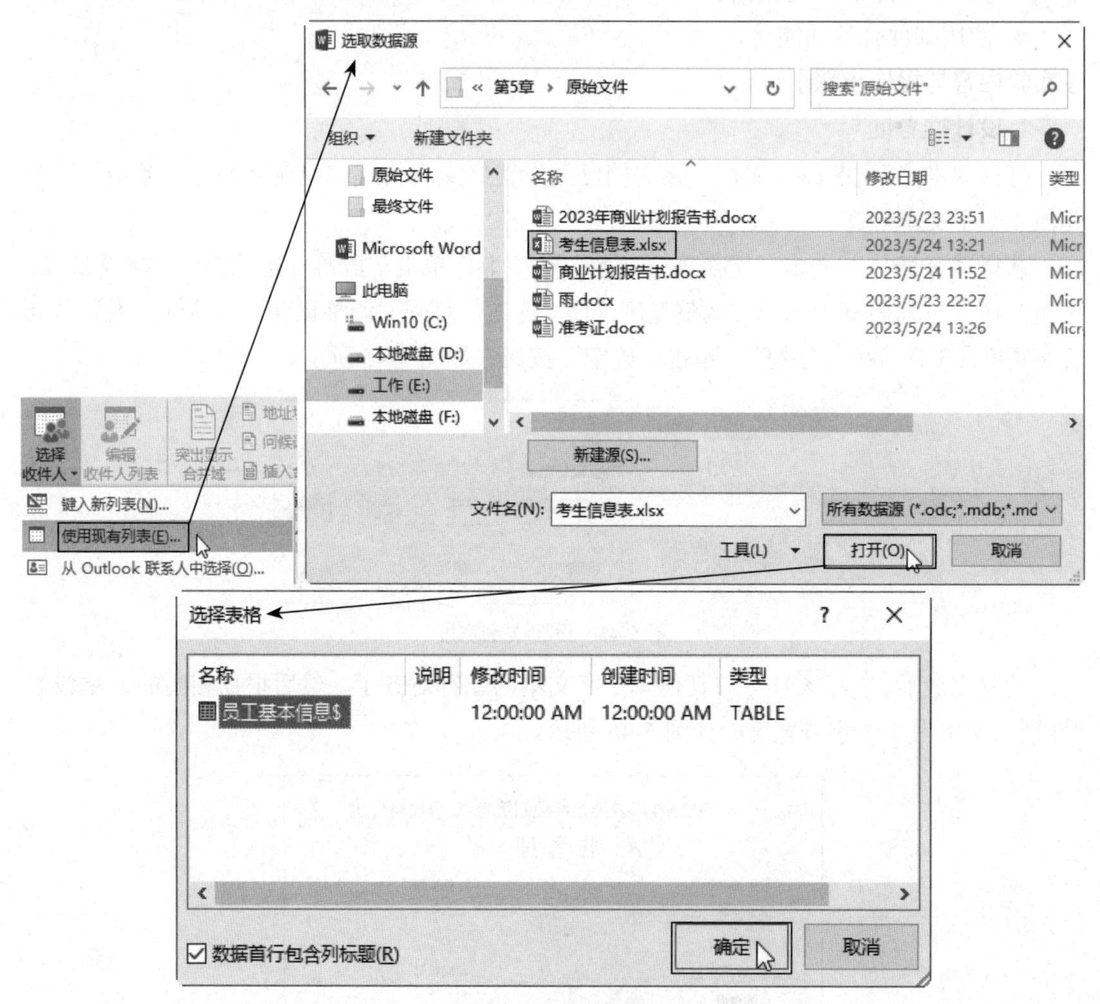

图 5-47　添加数据

（4）将光标定位在“考生姓名”右侧，切换至“邮件”选项卡，单击“编写和插入域”选项组中“插入合并域”按钮，在下拉列表框中选择“考生姓名”域，如图 5-48 所示。

（5）根据相同的方法为其他内容添加相应的域。

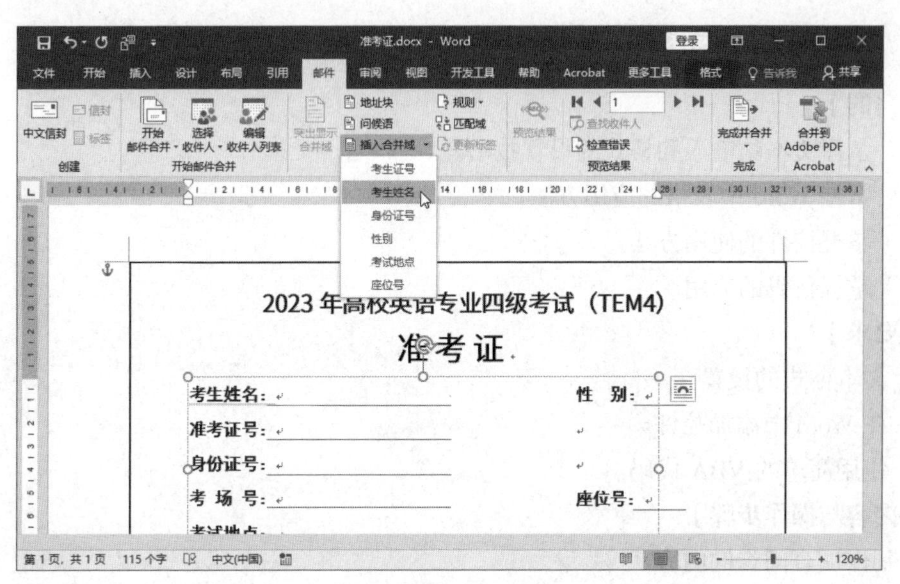

图 5-48　插入域

（6）切换至“邮件”选项卡，单击“完成”选项组中“完成并合并”按钮，在下拉列表框中选择“编辑单个文档”选项。在打开的“合并到新文档”对话框中单击“确定”按钮。

（7）Word 会新建“信函 1”的文档，其中包括 68 份准考证，将其保存打印即可，如图 5-49 所示。

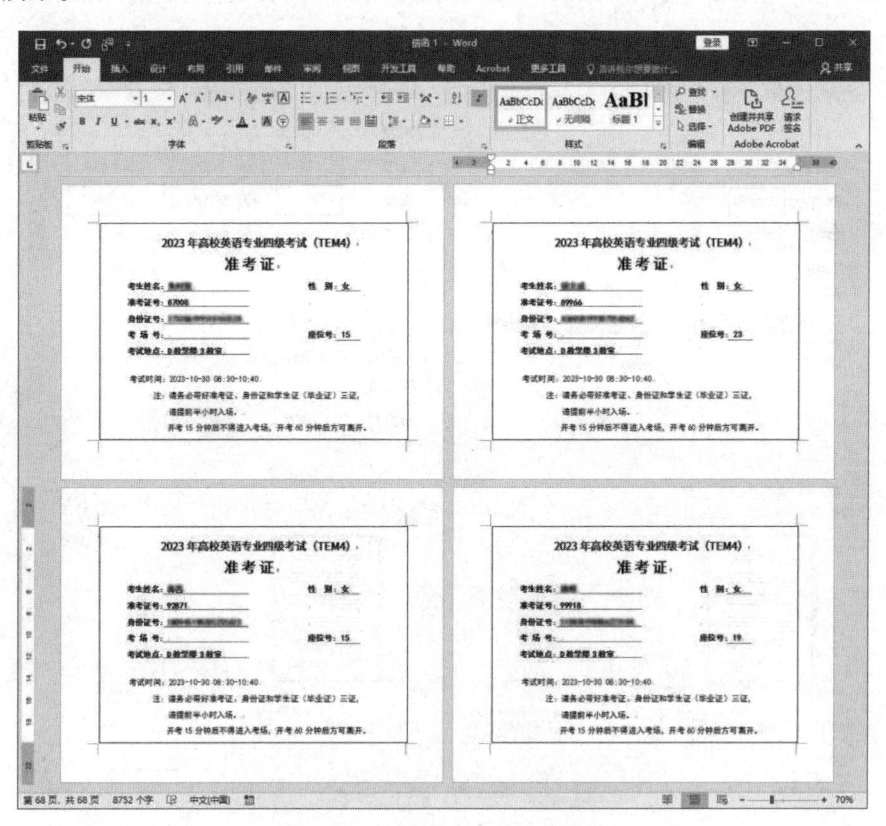

图 5-49　批量生成准考证的效果

实验 5　制作客户满意度调查问卷实验

【实验目的】

（1）掌握文本的输入和格式的设置技巧。

（2）掌握 Word 中表格的应用方法。

（3）掌握控件的使用方法。

（4）掌握代码的应用。

【知识要求】

- 文本格式的设置。
- 在 Word 中添加控件。
- 使用简单的 VBA 代码。

【实验内容与操作步骤】

1. 制作调查问卷的内容

（1）新建 Word 文档并重命名为“调查问卷”，切换至“布局”选项卡，单击“页面设置”选项组中“纸张大小”按钮，在下拉列表框中选择“其他纸张大小”选项。

（2）打开“页面设置”对话框，在“纸张”选项卡中设置“宽度（W）”为“19 厘米”，“高度（E）”为“26 厘米”，切换至“页边距”选项卡，设置“上（T）”和“下（B）”为“2.5 厘米”，“左（L）”和“右（R）”为“3 厘米”，单击“确定”按钮，如图 5-50 所示。

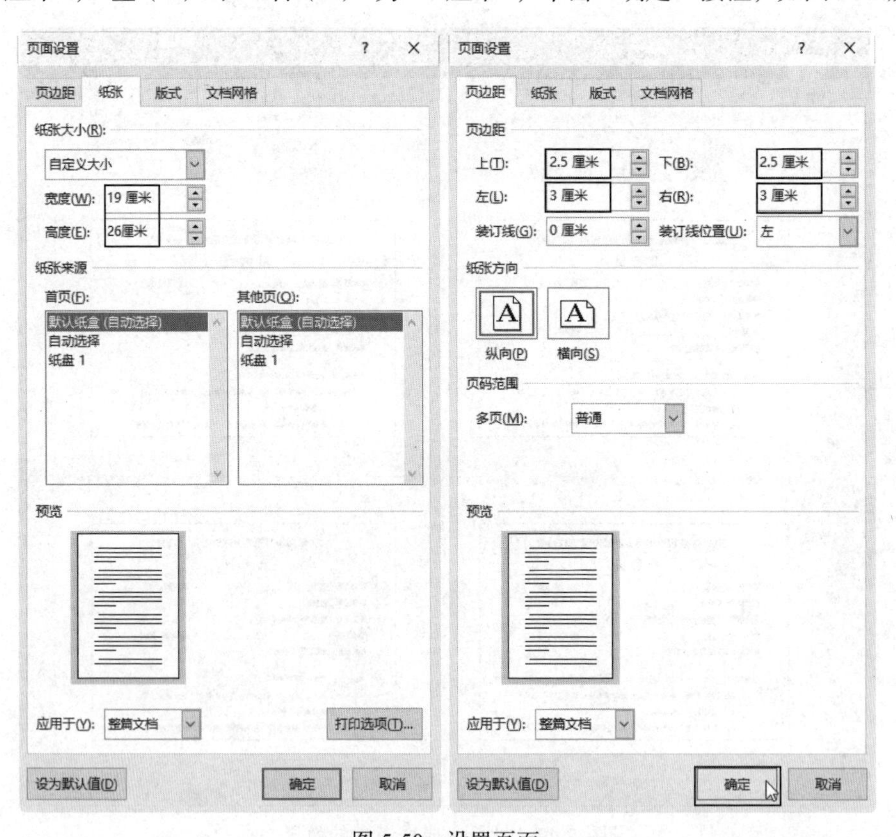

图 5-50　设置页面

（3）在文档中输入调查问卷的内容。设置标题文本为“三号”，居中显示，段前和段后为“1行”。

（4）设置正文字号为“小四”，首行缩进，第1行称呼顶格对齐，如图5-51所示。

客户满意度调查表

尊敬的朋友：

您好！非常感谢您的光临，请您留下您宝贵的意见，我们会加以改正。您的满意是我们不懈的追求，为你创造更好的服务是本公司文化人唯一的目标。

我们会对你的各面答案进行保密，所以请您依据自己的意见放心填写。谢谢您的合作！

图5-51　输入文本并设置格式

（5）将光标定位在文本的下一行，切换至“插入”选项卡，单击“表格”选项组中“表格”按钮，在下拉列表框中选择1列5行的表格。

（6）在表格中输入调查问卷的相关内容，即每一行输入一个问题，并设置和正文文本相同的格式，如图5-52所示。

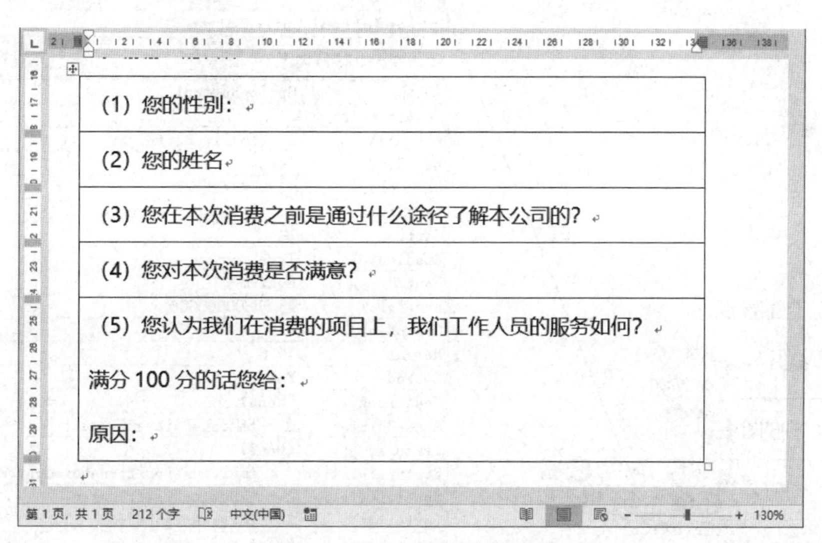

(1) 您的性别：
(2) 您的姓名
(3) 您在本次消费之前是通过什么途径了解本公司的？
(4) 您对本次消费是否满意？
(5) 您认为我们在消费的项目上，我们工作人员的服务如何？ 满分100分的话您给： 原因：

图5-52　输入调查问卷的内容

2. 添加选项按钮控件

（1）将光标定位在第1个问题的下方，切换至“开发工具”选项卡，单击“控件”选项组中“旧式工具”按钮，在下拉列表框中选择“选项按钮”控件，如图5-53所示。

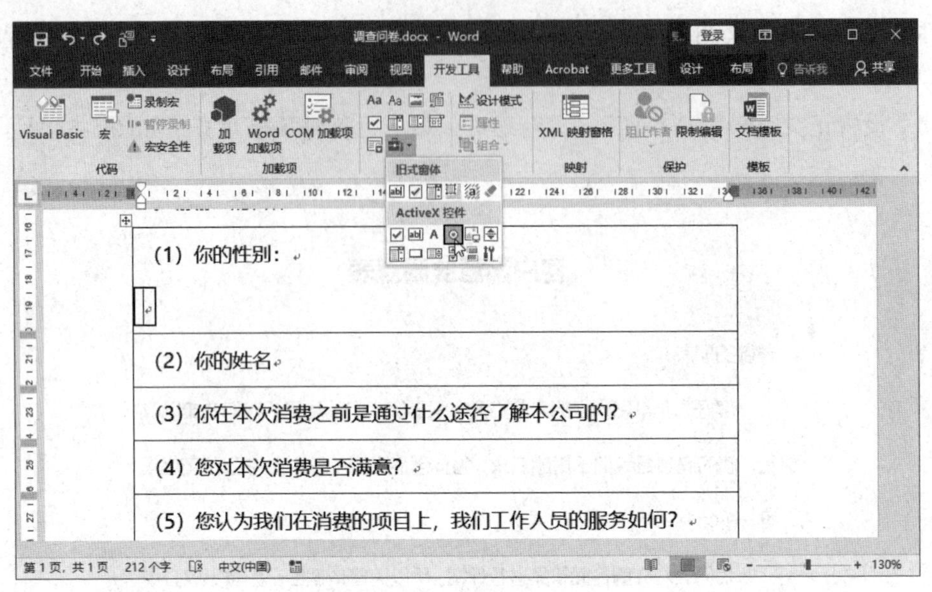

图 5-53 添加选项按钮

（2）在光标处插入选项按钮控件，同时进入“设计模式”。右击控件，在快捷菜单中选择“属性”命令。

（3）打开“属性”窗口，此时主要设置两个参数，Caption 为“男”、GroupName 为 sex，如图 5-54 所示。

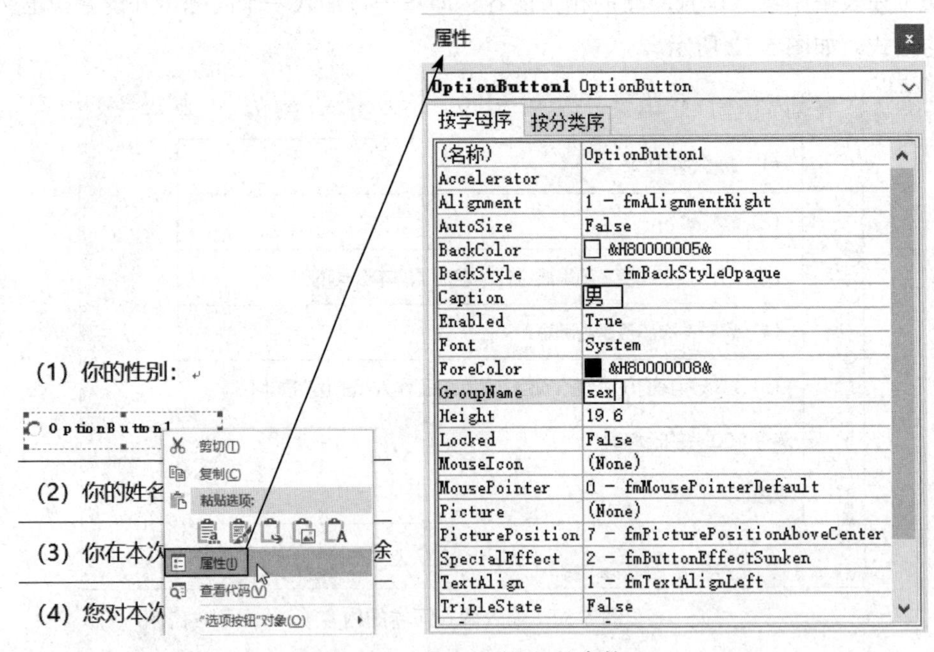

图 5-54 设置选项按钮的参数

（4）根据相同的方法添加“女”选项按钮，并设置属性的参数，注意要设置 GroupName 为 sex，表示两个选项按钮为同一组，即只有在同一组的选项按钮才能进行单选。如图 5-55 所示。

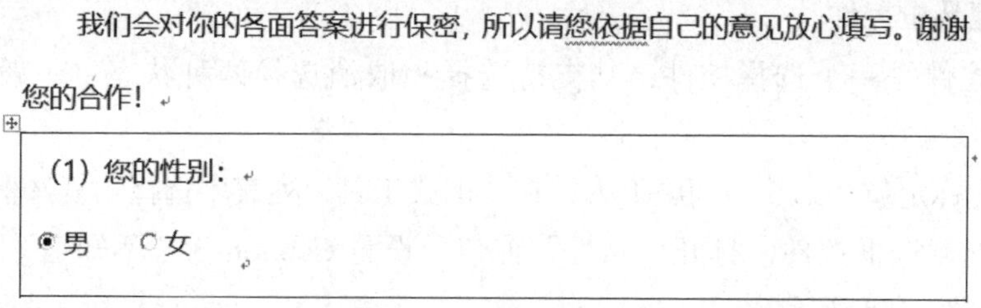

我们会对你的各面答案进行保密，所以请您依据自己的意见放心填写。谢谢您的合作！

(1) 您的性别：

男 女

图 5-55 添加选项按钮

3. 添加文本框控件

（1）将光标定位在第 2 个问题的右侧，单击“旧式工具”按钮，在下拉列表框中选择“文本框”控件，如图 5-56 所示。

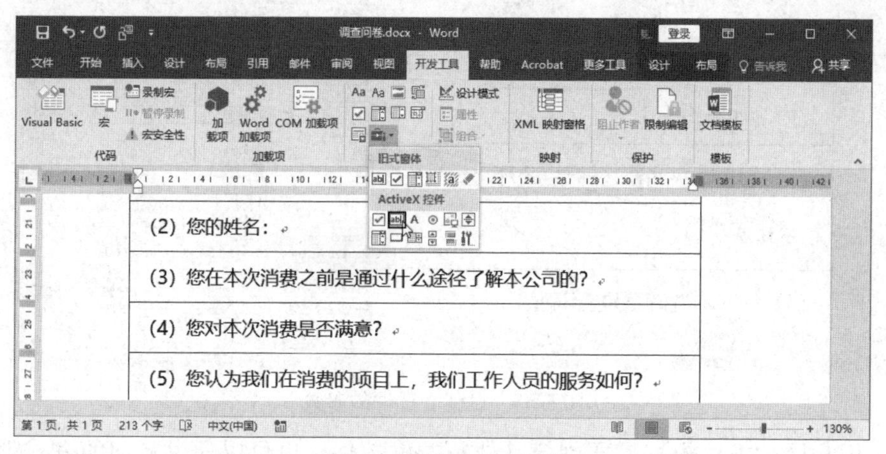

图 5-56 添加文本框控件

（2）调整插入文本框的大小，打开“属性”窗口，单击 Font 参数右侧的按钮，打开“字体”对话框，设置字体格式，单击“确定”按钮，如图 5-57 所示。

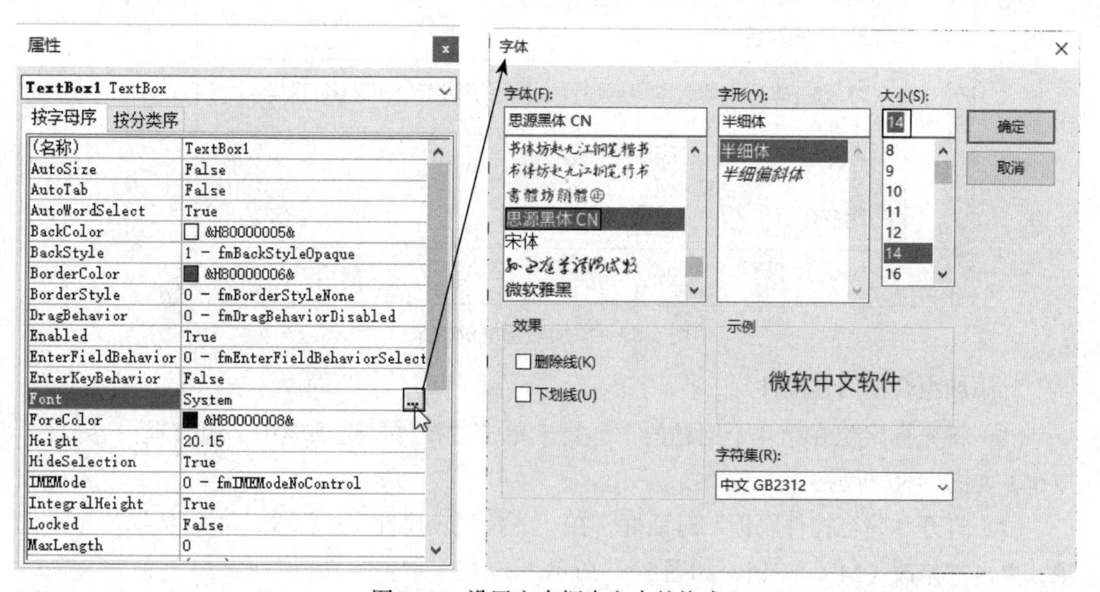

图 5-57 设置文本框中文本的格式

4. 添加复选框控件

复选框控件是一个选择控件，其支持选择和取消选择两种状态，一般被用于多项选择。

（1）将光标定位在第 3 个问题下方，在“旧式工具”列表中选择“复选框”控件。

（2）选择复选框控件，打开“属性”窗口，设置 Caption 为“不知道”、GroupName 为“G3”，如图 5-58 所示。

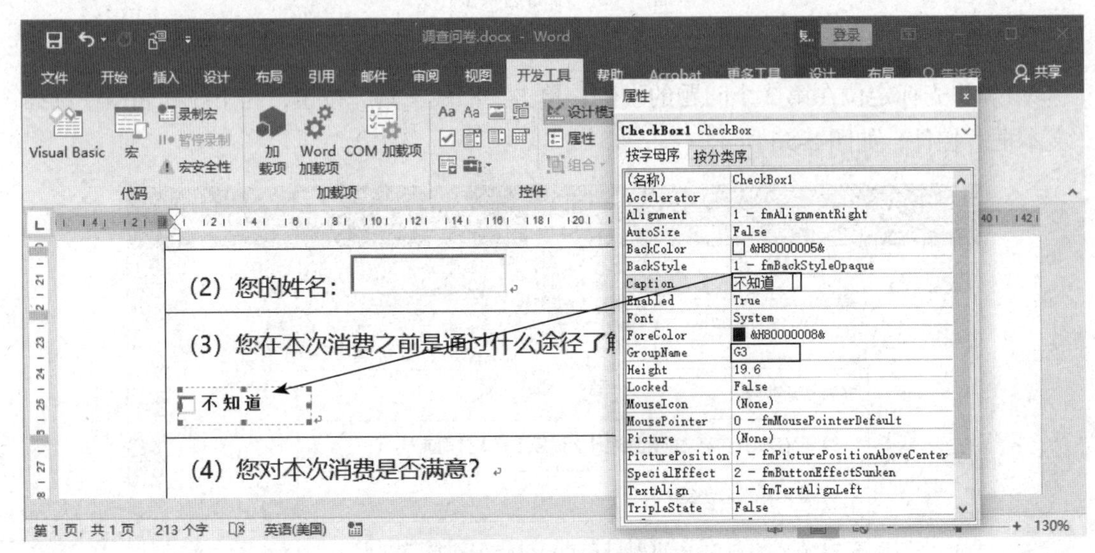

图 5-58 设置复选框的参数

（3）用相同的方法根据需要创建其他复选框控件，也可以通过复制的方式创建复选框，修改参数后，效果如图 5-59 所示。

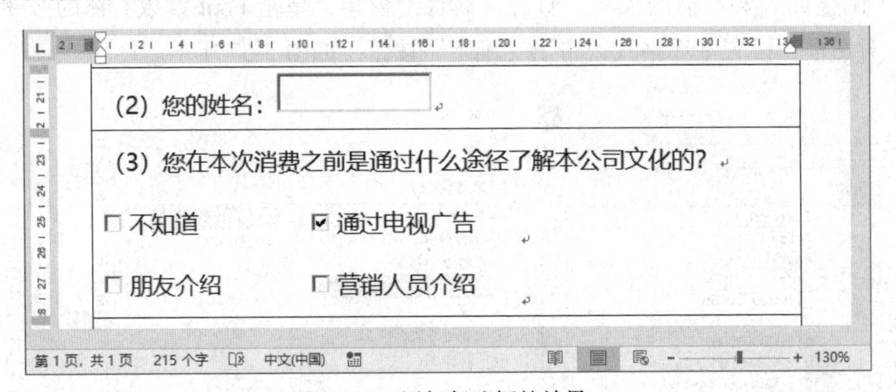

图 5-59 添加复选框的效果

5. 添加组合框内容控件

（1）将光标定位在第 4 个问题的下一行，单击“控件”选项组中“组合框内容控件”按钮，如图 5-60 所示。

（2）打开“内容控件属性”对话框，在“下拉列表属性（L）”文本框中选择第 1 条选项，单击“修改（M）”按钮，如图 5-61 所示。

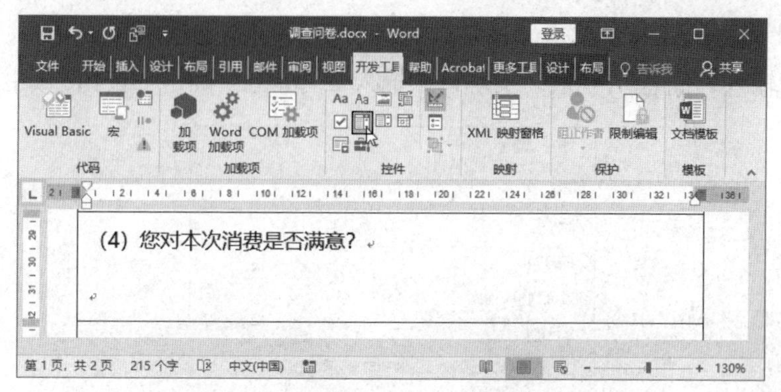

图 5-60 单击“组合框内容控件”按钮

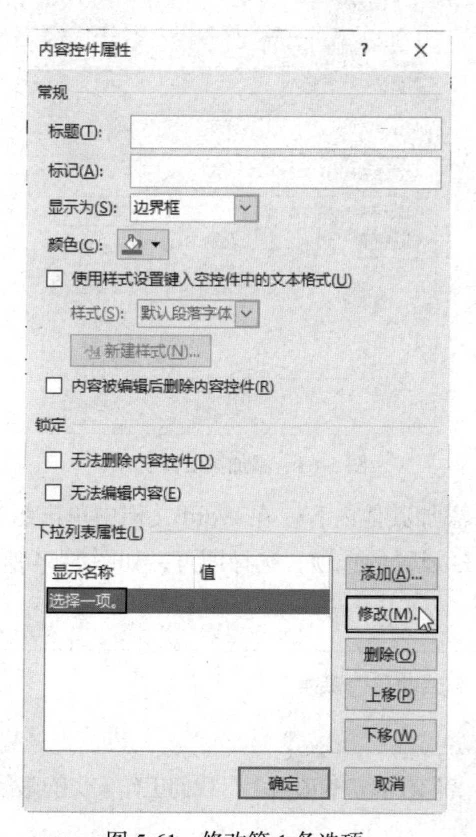

图 5-61 修改第 1 条选项

（3）打开“修改选项”对话框，在“显示名称（N）”文本框中输入“非常满意”，在“值（V）”文本框中输入 1，单击“确定”按钮，如图 5-62 所示。

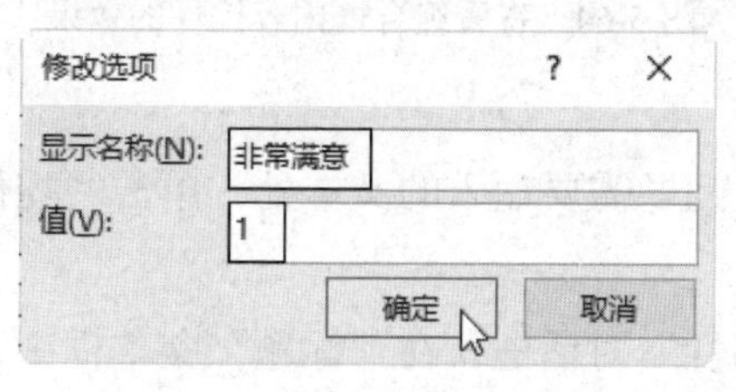

图 5-62 修改第 1 条选项

（4）返回上级对话框，单击“添加”按钮，打开“添加选项”对话框，在“显示名称”文本框中输入“满意”，“值”文本框中输入 2，单击“确定”按钮，如图 5-63 所示。

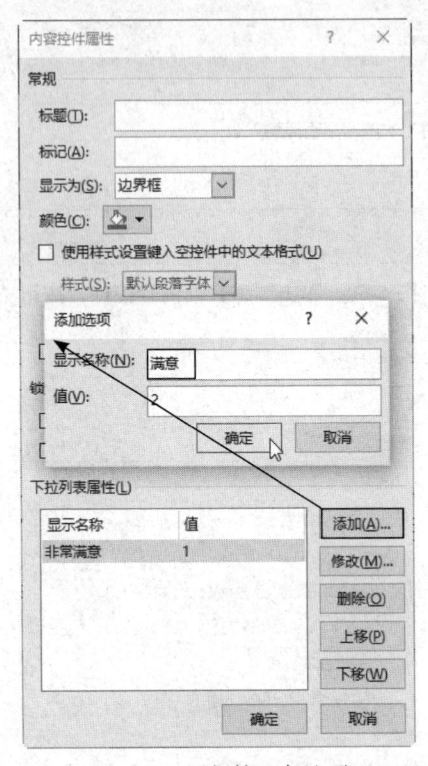

图 5-63　添加第 2 条选项

（5）根据相同的方法添加其他内容。在 Word 文档中单击组合框内容控件右侧列表按钮，在下拉列表框中会显示设置的选项，选择即可，如图 5-64 所示。

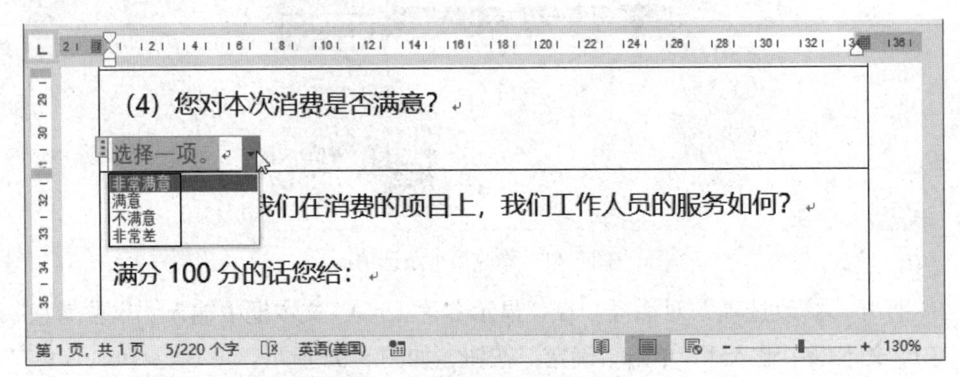

图 5-64　查看组合框内容控件的效果

6. 添加纯文本内容控件

（1）将光标定位第 5 个问题需要输入的文本处，单击“控件”选项组中“纯文本内容控件”按钮。

（2）打开“内容控件属性”对话框，在“标题”文本框中输入“你的满意，一直是我们的努力”，设置颜色为橙色，如图 5-65 所示。

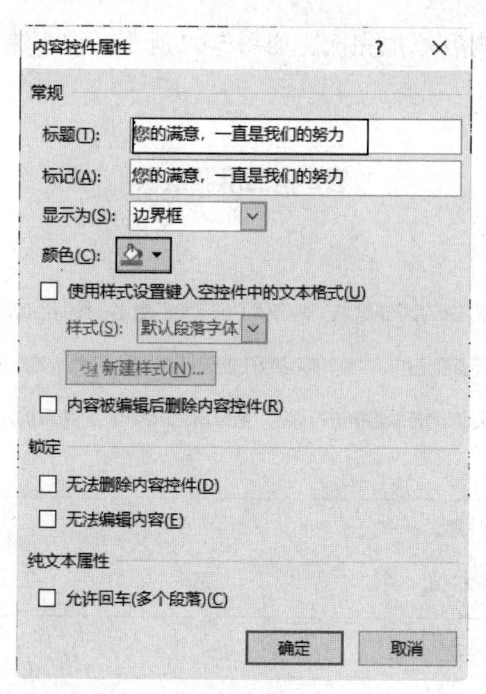

图 5-65　设置内容控件的属性

（3）根据相同的方法在其他位置也添加相同的控件。

7. 添加命令按钮

（1）将光标定位在问卷的结尾，在“旧式工具”列表中选择“命令按钮”选项。

（2）打开“属性”窗口，设置 Caption 参数为“提交问卷”，设置字体为“微软雅黑”，如图 5-66 所示。

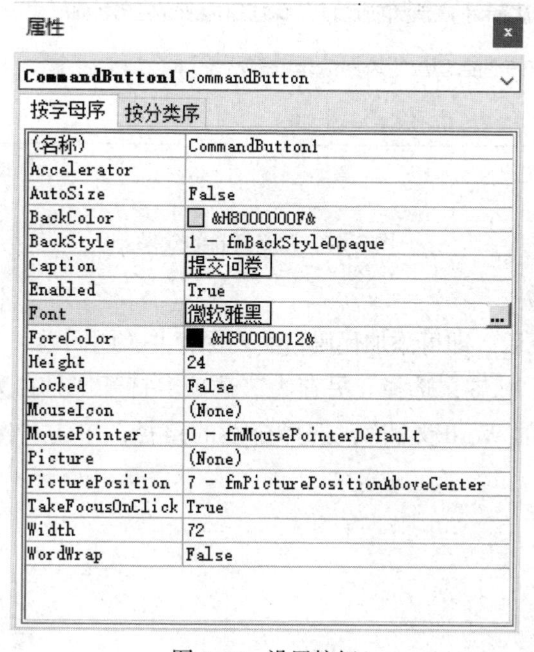

图 5-66　设置按钮

（3）调查问卷中的内容添加完成，如图 5-67 所示。接下来另存文件并设置按钮的代码。

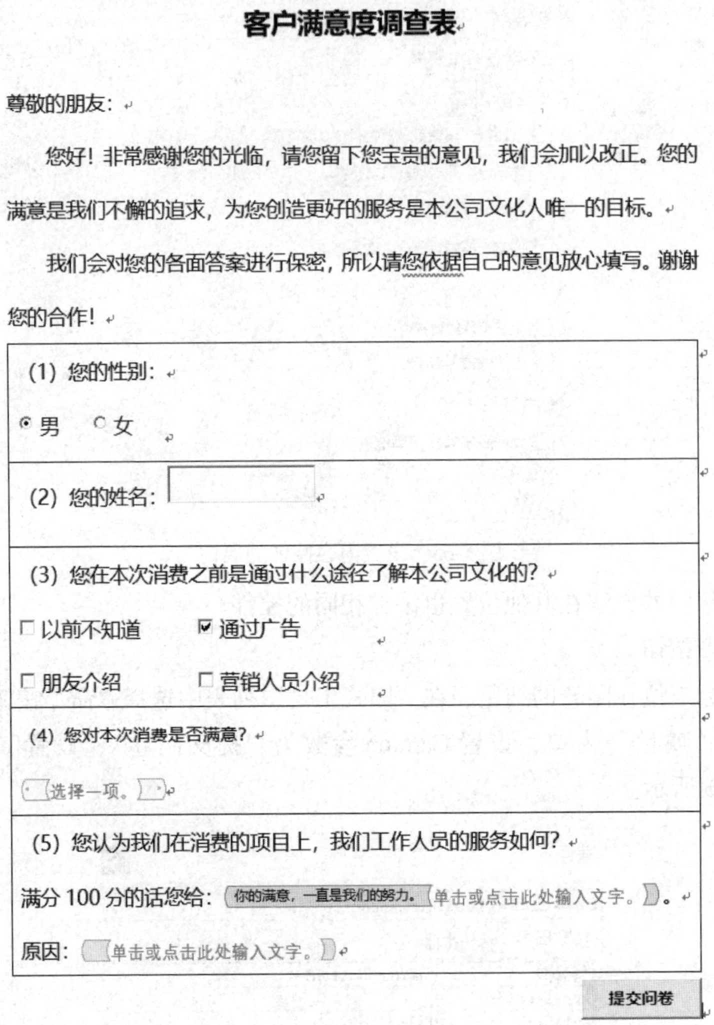

客户满意度调查表

尊敬的朋友：

您好！非常感谢您的光临，请您留下您宝贵的意见，我们会加以改正。您的满意是我们不懈的追求，为您创造更好的服务是本公司文化人唯一的目标。

我们会对您的各面答案进行保密，所以请您依据自己的意见放心填写。谢谢您的合作！

(1) 您的性别：

男　女

(2) 您的姓名：

(3) 您在本次消费之前是通过什么途径了解本公司文化的？

以前不知道　通过广告

朋友介绍　营销人员介绍

(4) 您对本次消费是否满意？

选择一项。

(5) 您认为我们在消费的项目上，我们工作人员的服务如何？

满分 100 分的话您给：你的满意，一直是我们的努力。单击或点击此处输入文字。。

原因：单击或点击此处输入文字。

提交问卷

图 5-67　调查问卷的效果

8. **为按钮添加代码**

命令按钮创建完成后，即可添加代码，实现保存并关闭问卷。

（1）单击“文件”标签，选择“另存为”选项。打开“另存为”对话框，设置“保存类型”为“启用宏的 Word 文档”，选择合适的路径，单击“保存”按钮，如图 5-68 所示。

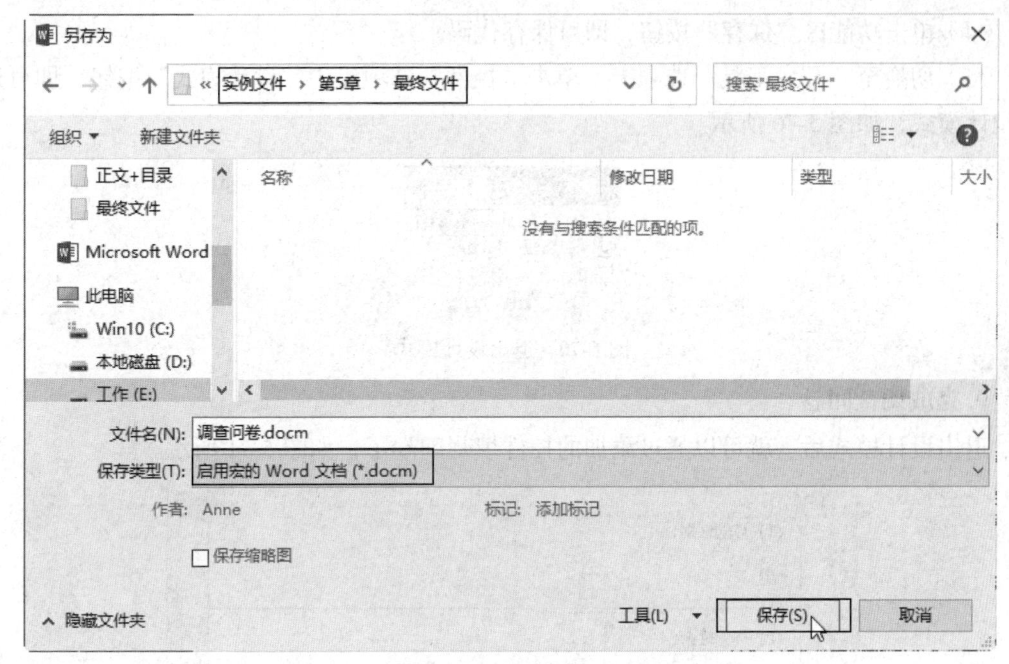

图 5-68 另存为文档

（2）在命令按钮上右击，在快捷菜单中选择“查看代码”命令，打开 VBA 窗口。

（3）在 VBA 窗口中输入命令按钮的代码，如图 5-69 所示。实现单击该按钮，弹出提示对话框询问是否结束，单击“是”按钮时即保存并关闭文档。

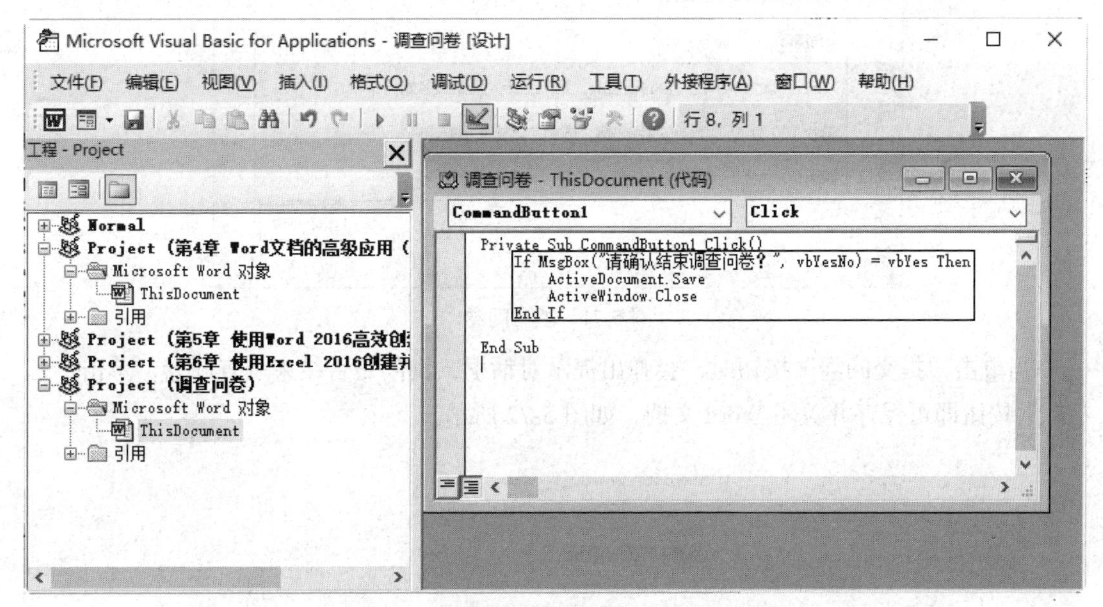

图 5-69 输入代码

提示： MsgBox() 函数的含义

MsgBox() 函数的作用是弹出提示对话框。

语法：MsgBox(Prompt[,Buttons][,Title][,Helpfile,Context])，具体用法读者可自行查阅。

（4）单击功能区“保存”按钮，即可保存代码。

（5）切换至“开发工具”选项卡，单击“控件”选项组中“设计模式”按钮，即可退出设计模式，如图 5-70 所示。

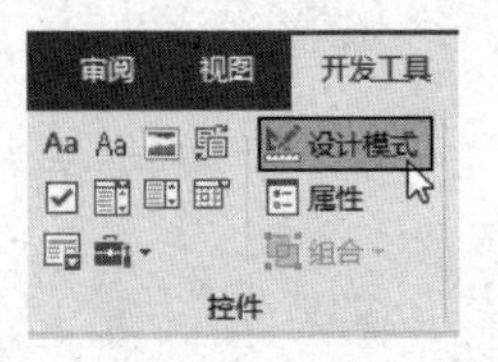

图 5-70　退出设计模式

9. 完成调查问卷

退出设计模式后，就可以通过添加的控件填写问卷了，如图 5-71 所示。

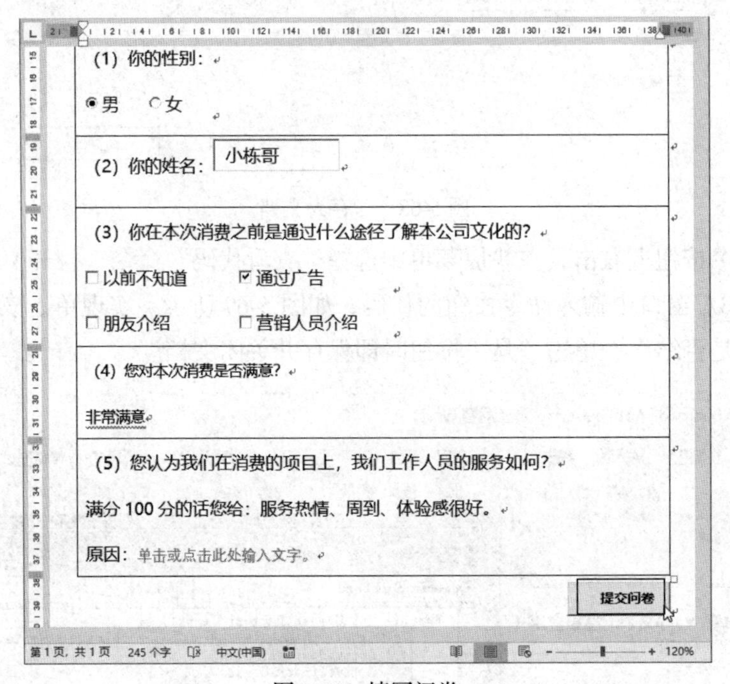

图 5-71　填写问卷

当单击“提交问卷”按钮时，会弹出提示对话框，询问是否结束调查问卷，单击“是（Y）”按钮即可保存并关闭 Word 文档，如图 5-72 所示。

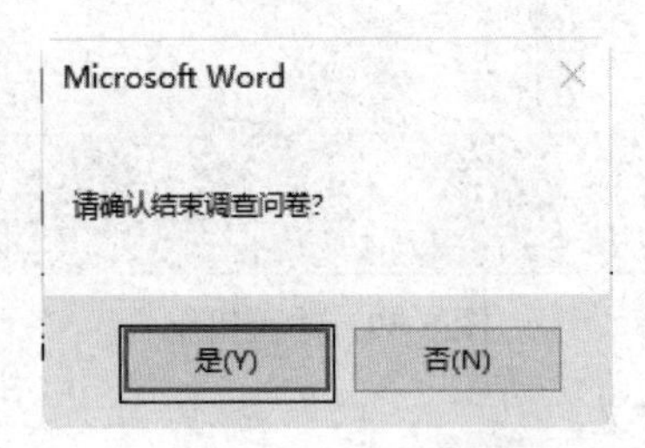

图 5-72　提示对话框

再次打开“调查问卷 .docm”文档时，里面的内容就是刚才填写的调查问卷的内容。

第 6 章

使用 Excel 2016 创建并处理电子表格

Excel 是微软公司出品的 Office 系列办公软件中的一个组件，可以用来制作电子表格、完成许多复杂的数据运算，进行数据的分析和预测并且具有强大的图表的功能。使用 Excel 可以将数据以图表的形式展示出来，让浏览者直观地比较数据之间的关系。

实验重点

- 熟练掌握 Excel 2016 工作界面。
- 熟练掌握 Excel 的制作方法。
- 熟练掌握 Excel 的基本操作。
- 熟练掌握 Excel 的格式化。
- 熟练掌握 Excel 数据的管理和分析功能。
- 熟练掌握 Excel 公式函数的应用。
- 熟练掌握 Excel 图表的应用。
- 熟练掌握 Excel 工作表安全设置。

实验 1　Excel 2016 的基本操作

【实验目的】

（1）熟悉 Excel 2016 工作界面。

（2）掌握 Excel 工作表的创建、重命名和保存方法。

（3）掌握电子表格的安全设置方法。

（4）掌握不同类型数据的输入方法。

（5）掌握表格边框的设计方法。

（6）掌握条件格式的方法。

【知识要求】

- 熟悉 Excel 2016 工作界面。
- 掌握数据的输入方法。
- 掌握电子工作表的编辑操作。

【实验内容与操作步骤】

1. 输入表格数据

（1）打开 Excel 2016 应用程序，将打开的空白工作表保存，命名为“出勤统计表”。单击“新工作表”按钮即可插入新的工作表，双击工作表的名称，并输入“2023 年军训签到”，然后按 Enter 键即可完成工作表的重命名。

（2）为了突出该工作表可以设置工作表标签的颜色，右击工作表标签，在快捷菜单中选择“工作表标签颜色”命令，在子命令中选择合适的颜色，如图 6-1 所示。

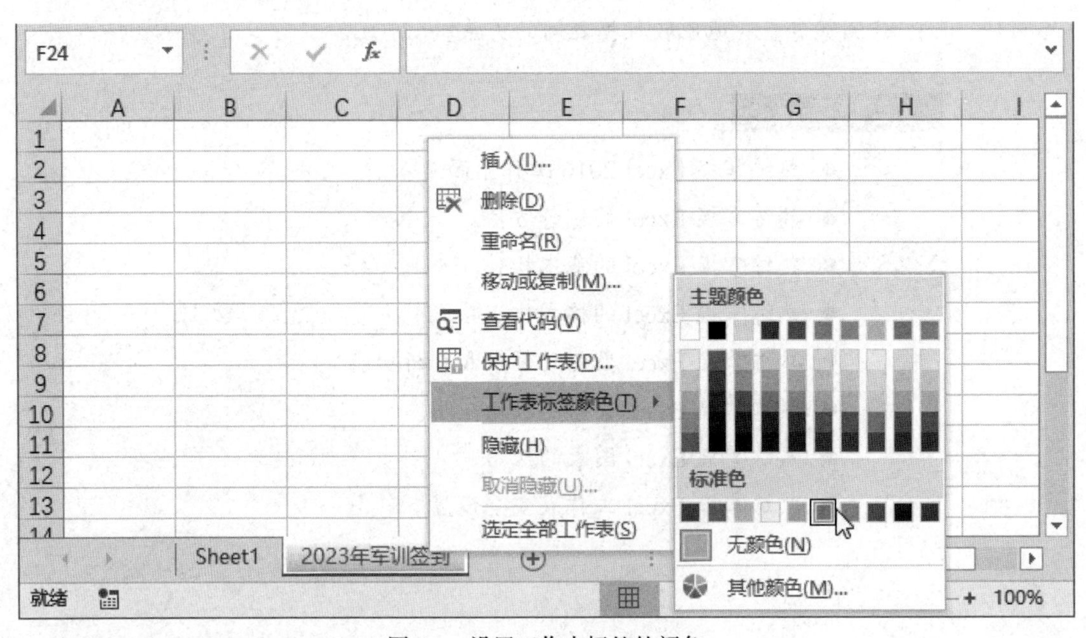

图 6-1　设置工作表标签的颜色

（3）在工作表中选中 A1 单元格，并输入“2023 年计算机一班军训出勤统计”，然后再输入表格的标题和员工的相关信息，如员工的姓名、性别、联系方式等信息。

（4）选择 A3：A70 单元格区域，按 Ctrl+1 组合键打开“设置单元格格式”对话框，在“数字”选项卡的“分类”列表框中选择“自定义”选项，在右侧面板的“类型（T）”文本框中输入 000000，然后单击“确定”按钮，如图 6-2 所示。

（5）设置完成后在该单元格区域内输入数字时，如果不够 6 位数则在最左侧添加 0 以满足 6 位数。

（6）选择 E3：E70 单元格区域，切换至“数据”选项卡，单击“数据工具”选项组中“数据验证”按钮。

图 6-2　设置以 0 开头的数字

（7）打开“数据验证”对话框，在“设置”选项卡中单击“允许（A）”右下方列表按钮，在下拉列表框中选择“序列”选项，在“来源（S）”文本框中输入“准点,迟到,缺席”文本，如图 6-3 所示。在“来源”文本框中输入文本时，需要注意逗号应是英文半角的。

图 6-3　设置来源

（8）切换至“出错警告”选项卡，保持“样式（Y）”为“停止”，在“标题（T）”文本框中输入“正确输入签到！”文本，在“错误信息（E）”文本框中输入“请单击单元格右侧下三角按钮，在列表中选择合适选项。”文本，单击“确定”按钮，如图 6-4 所示。

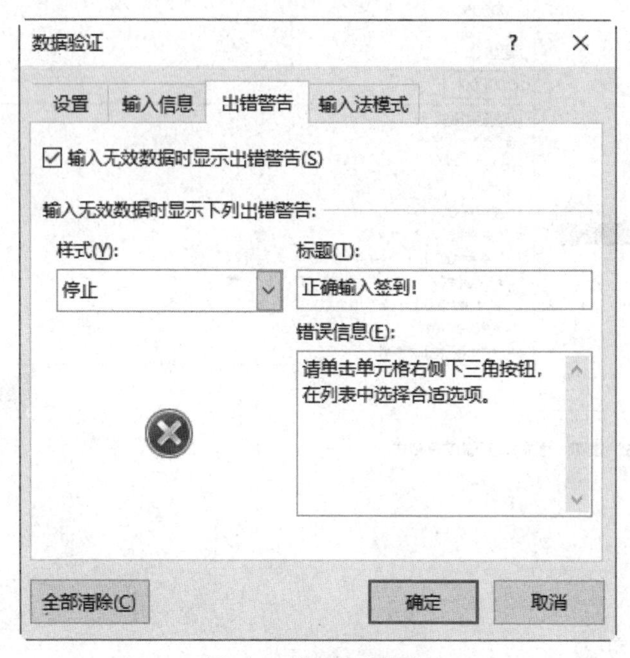

图 6-4　设置出错警告

（9）返回工作表中选中该区域任意单元格，则其右侧将显示列表按钮，在下拉列表框中选择合适的选项即可。如果在单元格中输入来源的内容系统将不会提示，如果输入来源内容之外的内容，系统将弹出提示对话框，禁止输入非法数据。

2. 设置表格的边框

（1）选择 A1 : E1 单元格区域并合并单元格，然后根据需要设置表格标题和内容的格式。

（2）选择 A2 : E70 单元格区域，在“开始”选项卡中单击“对齐方式”选项组中“居中”按钮。

（3）保持该单元格区域为选中状态，单击“字体”选项组中对话框启动器按钮，打开“设置单元格格式”对话框，切换至“边框”选项卡。在“样式”列表框中选择细实线，然后单击“颜色”右侧的列表按钮，在下拉列表框中选择蓝色，最后单击“内部”按钮即可完成表格内部边框的设置。

（4）根据相同的方法设置外边框的线条样式，设置完成后单击“确定”按钮，如图 6-5 所示。

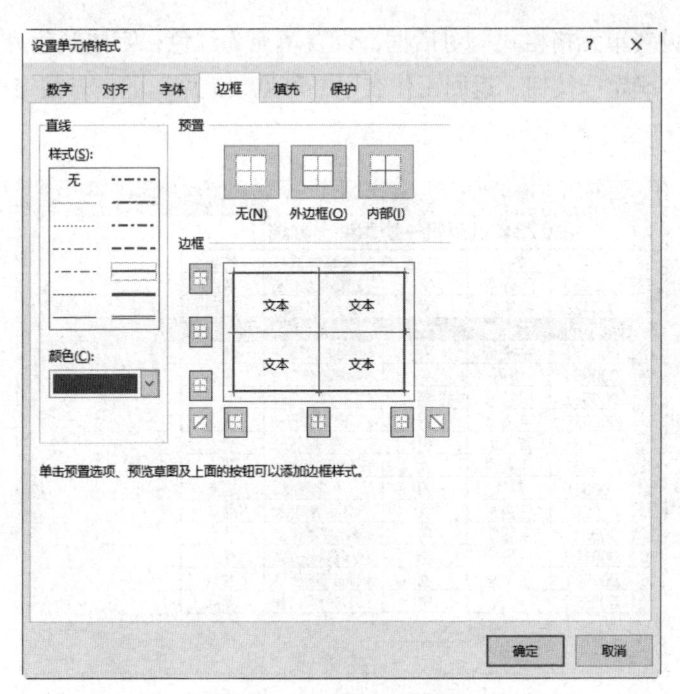

图 6-5　设置表格的边框

3. 突出显示缺席的数据

（1）选择 A3 : E70 单元格区域，切换至“开始”选项卡，单击“样式”选项组中“条件格式”按钮，在下拉列表框中选择“新建规则”选项。

（2）打开“新建格式规则”对话框，在“选择规则类型（S）”列表框中选择“使用公式确定要设置格式的单元格”选项，在下方文本框中输入“=$E3="缺席"”公式，单击“格式”按钮，如图 6-6 所示。

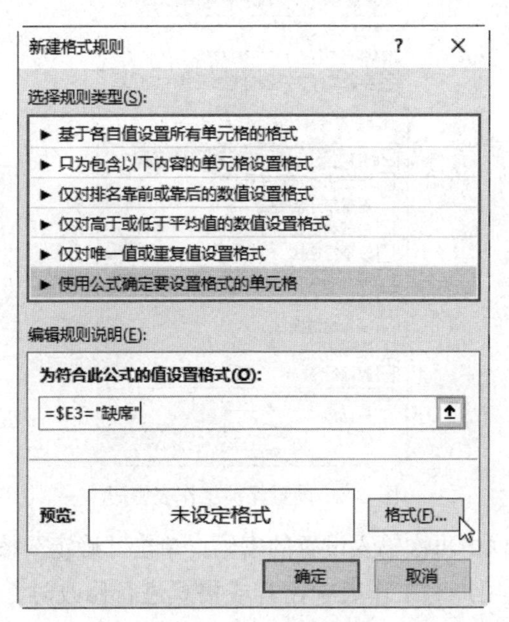

图 6-6　设置条件规则

（3）打开“设置单元格格式”对话框，设置填充为红色，字体颜色为白色。

（4）依单击“确定”按钮，返回工作表中，可见“缺席”的信息被突出显示，如图 6-7 所示。

2023年计算机一班军训出勤统计				
学号	姓名	性别	联系方式	签到
000350	于分明	女	[illegible]	准点
000428	孙永成	女	[illegible]	迟到
000971	元咕噜	女	[illegible]	缺席
000911	古来希	女	[illegible]	准点
000951	仇忍	男	[illegible]	准点
000551	皮超迪	男	[illegible]	准点
000616	李清雅	男	[illegible]	准点
000881	苗人凤	男	[illegible]	准点
000261	何爽悦	女	[illegible]	准点
000619	刘江	男	[illegible]	准点
000262	任康永	女	[illegible]	准点
000549	张智能	男	[illegible]	准点
000125	姚伶俐	男	[illegible]	准点
000961	仇千忍	女	[illegible]	准点
000563	戈大	男	[illegible]	准点

图 6-7　查看结果

4. 保护工作表

表格制作完成后，可以对工作表进行加密保护。切换至“审阅”选项卡，单击“保护”选项组中“保护工作表”按钮。打开“保护工作表”对话框，在“取消工作表保护时使用的密码（P）”文本框中输入密码，如图 6-8 所示。

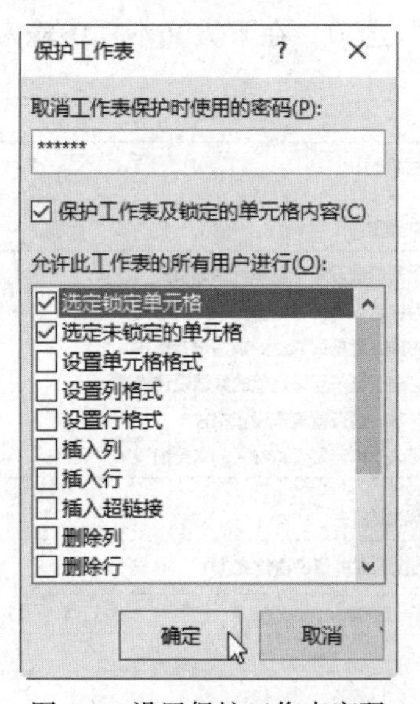

图 6-8　设置保护工作表密码

然后在打开的对话框中再次输入设置的密码，单击“确定”按钮，即可完成保护工作表的加密保护。当其他用户对工作表中内容或格式进行修改时，则系统将弹出提示对话框，显示该工作表已受保护。

实验 2　Excel 2016 数据计算实验一

【实验目的】

（1）掌握文本函数的应用技巧。

（2）掌握查找引用函数的应用技巧。

（3）掌握逻辑函数的应用技巧。

（4）掌握日期和时间函数的应用技巧。

【知识要求】

掌握 Excel 2016 公式和函数中相关内容。

【实验内容与操作步骤】

1. 根据身份证号码计算出生日期和年龄

身份证号码中第 7~14 位表示持有者出生日期的年月日，因此可以使用 MID() 函数提取相关文本，最后再使用 DATE() 函数将提取的文本转换为日期格式。

（1）打开“第 5 章 \ 原始文件”文件夹中“员工基本信息表 .xlsx”工作簿。

（2）选择 H2 单元格，输入“=DATE(MID(G2,7,4),MID(G2,11,2),MID(G2,13,2))”公式，按 Enter 键计算出员工出生日期。

（3）将 H2 单元格中公式向下填充至 H69 单元格，计算出所有员工的出生日期，如图 6-9 所示。

	B	F	G	H	I	J	K	L
1	姓名	入职时间	身份证号	员工出生日期	员工年龄	性别	工龄	退休日期
2	于分明	2010-9-16	539107197307097463	1973/7/9				
3	孙永成	2010-3-14	241632199009196527	1990/9/19				
4	元咕噜	2010-6-13	270084198309063268	1983/9/6				
5	古来希	2010-1-13	416676197407086145	1974/7/8				
6	仇忍	2010-8-10	495616197410268394	1974/10/26				
7	皮超迪	2010-5-11	728697199005068539	1990/5/6				
8	李清雅	2010-2-6	410024198910256011	1989/10/25				
9	苗人凤	2010-6-7	727151198911031758	1989/11/3				
10	何爽悦	2010-1-18	4788381973　207187	1973/10/20				
11	刘江	2010-9-19	410024199010068539	1990/10/6				
12	任康永	2010-11-25	145584198809011745	1988/9/1				
13	张智能	2010-10-20	774804197710031650	1977/10/3				
14	姚伶俐	2010-12-25	244253197912013899	1979/12/1				
15	仇千忍	2010-3-16	610282197502208064	1975/2/20				
16	戈大	2010-7-12	860175198707067475	1987/7/6				
17	宁隆昌	2010-10-7	310730198601233384	1986/1/23				

图 6-9　计算出生日期

（4）在 I2 单元格中输入“=YEAR(TODAY())-YEAR(H2)”公式，根据出生日期计算出员工的年龄。

（5）将 I2 单元格中的公式向下填充至 I69 单元格，计算出所有员工的年龄，如图 6-10 所示。

	B	F	G	H	I	J	K	L
1	姓名	入职时间	身份证号	员工出生日期	员工年龄	性别	工龄	退休日期
2	于分明	2010-9-16	539107197307097463	1973/7/9	50			
3	孙永成	2010-3-14	241632199009196527	1990/9/19	33			
4	元咕噜	2010-6-13	270084198309063268	1983/9/6	40			
5	古来希	2010-1-13	416676197407086145	1974/7/8	49			
6	仇忍	2010-8-10	495616197410268394	1974/10/26	49			
7	皮超迪	2010-5-11	728697199005068539	1990/5/6	33			
8	李清雅	2010-2-6	410024198910256011	1989/10/25	34			
9	苗人凤	2010-6-7	727151198911031758	1989/11/3	34			
10	何爽悦	2010-1-18	478838197310207187	1973/10/20	50			
11	刘江	2010-9-19	410024199010068539	1990/10/6	33			
12	任康永	2010-11-25	145584198809011745	1988/9/1	35			
13	张智能	2010-10-20	774804197710031650	1977/10/3	46			
14	姚伶俐	2010-12-25	244253197912013899	1979/12/1	44			
15	仇千忍	2010-3-16	610282197502208064	1975/2/20	48			
16	戈大	2010-7-12	860175198707067475	1987/7/6	36			
17	宁隆昌	2010-10-7	310730198601233384	1986/1/23	37			

图 6-10 计算员工的年龄

2. 根据身份证号码计算员工的性别

身份证号码中第 17 位表示持有者性别，男性用奇数表示，女性用偶数表示。使用 MID() 函数提取身份证号码第 17 位，再使用 MOD() 函数判断奇偶数，最后使用 IF() 函数可以返回性别。

（1）选择 J2 单元格，输入“=IF(MOD(MID(G2,17,1),2)=0," 男 "," 女 ")”公式，计算出员工的性别。

（2）将 J2 单元格中公式向下填充至 J69 单元格，计算出所有员工的性别，如图 6-11 所示。

	B	F	G	H	I	J	K	L
1	姓名	入职时间	身份证号	员工出生日期	员工年龄	性别	工龄	退休日期
2	于分明	2010-9-16	539107197307097463	1973/7/9	50	男		
3	孙永成	2010-3-14	241632199009196527	1990/9/19	33	男		
4	元咕噜	2010-6-13	270084198309063268	1983/9/6	40	男		
5	古来希	2010-1-13	416676197407086145	1974/7/8	49	男		
6	仇忍	2010-8-10	495616197410268394	1974/10/26	49	女		
7	皮超迪	2010-5-11	728697199005068539	1990/5/6	33	女		
8	李清雅	2010-2-6	410024198910256011	1989/10/25	34	女		
9	苗人凤	2010-6-7	727151198911031758	1989/11/3	34	女		
10	何爽悦	2010-1-18	478838197310207187	1973/10/20	50	男		
11	刘江	2010-9-19	410024199010068539	1990/10/6	33	男		
12	任康永	2010-11-25	145584198809011745	1988/9/1	35	男		
13	张智能	2010-10-20	774804197710031650	1977/10/3	46	女		
14	姚伶俐	2010-12-25	244253197912013899	1979/12/1	44	女		
15	仇千忍	2010-3-16	610282197502208064	1975/2/20	48	男		
16	戈大	2010-7-12	860175198707067475	1987/7/6	36	女		
17	宁隆昌	2010-10-7	310730198601233384	1986/1/23	37	男		

图 6-11 计算员工的性别

3. **计算员工的工龄和退休日期**

（1）在Q2单元格中输入“=TODAY()”公式，计算当前的日期，之后根据日期计算员工的工龄。

（2）在K2单元格中输入“=CONCATENATE(DATEDIF(F2,$Q$2,"y")," 年 ",DATEDIF(F2,$Q$2,"ym")," 个月 ",DATEDIF(F2,$Q$2,"MD")," 天 ")”公式，按Enter键计算出工龄。

（3）将K2单元格中公式向下填充至K69单元格，计算出所有员工的工龄，如图6-12所示。

K2 =CONCATENATE(DATEDIF(F2,$Q$2,"y"),"年",DATEDIF(F2,$Q$2,"ym"),"个月",DATEDIF(F2,$Q$2,"MD"),"天")

	H	I	J	K	L	M	N	O	P	Q
1	员工出生日期	员工年龄	性别	工龄	退休日期	基本工资	岗位津贴	合计		当天日期
2	1973/7/9	50	男	12年9个月10天		¥3,500.00	¥814.00	¥4,314.00		2023/6/26
3	1990/9/19	33	男	13年3个月12天		¥4,580.00	¥1,811.00	¥6,391.00		
4	1983/9/6	40	男	13年0个月13天		¥3,500.00	¥711.00	¥4,211.00		
5	1974/7/8	49	男	13年5个月13天		¥3,500.00	¥829.00	¥4,329.00		
6	1974/10/26	49	女	12年10个月16天		¥3,500.00	¥602.00	¥4,102.00		
7	1990/10/6	33	女	13年1个月15天		¥4,290.00	¥1,561.00	¥5,851.00		
8	1989/10/25	34	女	13年4个月20天		¥3,500.00	¥642.00	¥4,142.00		
9	1989/11/3	34	女	13年0个月19天		¥3,500.00	¥893.00	¥4,393.00		
10	1973/10/20	50	男	13年5个月8天		¥3,500.00	¥655.00	¥4,155.00		
11	1990/10/6	33	男	12年9个月7天		¥4,290.00	¥1,561.00	¥5,851.00		
12	1988/9/1	35	男	12年7个月1天		¥3,500.00	¥814.00	¥4,314.00		
13	1977/10/3	46	女	12年8个月6天		¥3,500.00	¥933.00	¥4,433.00		
14	1979/12/1	44	女	12年6个月1天		¥3,500.00	¥642.00	¥4,142.00		
15	1975/2/20	48	男	13年3个月10天		¥3,500.00	¥930.00	¥4,430.00		
16	1987/7/6	36	女	12年11个月14天		¥3,500.00	¥650.00	¥4,150.00		
17	1986/1/23	37	男	12年8个月19天		¥3,500.00	¥823.00	¥4,323.00		

员工基本信息

就绪 100%

图6-12 计算员工工龄

（4）根据女员工55岁退休、男员工60岁退休计算员工的退休日期。在L2中输入“=DATE(MID(G2,7,4)+IF(MOD(MID(G2,17,1),2)=0,55,60),MID(G2,11,2),MID(G2,13,2)-1)”公式，计算员工退休日期。

（5）将公式向下填充至L69单元格，计算出所有员工的退休日期，如图6-13所示。

L2 =DATE(MID(G2,7,4)+IF(MOD(MID(G2,17,1),2)=0,55,60),MID(G2,11,2),MID(G2,13,2)-1)

	F	G	H	I	J	K	L	M
1	入职时间	身份证号	员工出生日期	员工年龄	性别	工龄	退休日期	基本
2	2010-9-16	539107197307097463	1973/7/9	50	男	12年9个月10天	2028/7/8	¥3,50
3	2010-3-14	241632199009196527	1990/9/19	33	男	13年3个月12天	2045/9/18	¥4,58
4	2010-6-13	270084198309063268	1983/9/6	40	男	13年0个月13天	2038/9/5	¥3,50
5	2010-1-13	416676197407086145	1974/7/8	49	男	13年5个月13天	2029/7/7	¥3,50
6	2010-8-10	495616197410268394	1974/10/26	49	女	12年10个月16天	2034/10/25	¥3,50
7	2010-5-11	728697199005068539	1990/5/6	33	女	13年1个月15天	2050/5/5	¥4,29
8	2010-2-6	410024198910256011	1989/10/25	34	女	13年4个月20天	2049/10/24	¥3,50
9	2010-6-7	727151198911031758	1989/11/3	34	女	13年0个月19天	2049/11/2	¥3,50
10	2010-1-18	478838197310207187	1973/10/20	50	男	13年5个月8天	2028/10/19	¥3,50
11	2010-9-19	410024199010068539	1990/10/6	33	男	12年9个月7天	2050/5/5	¥4,29
12	2010-11-25	145584198809011745	1988/9/1	35	男	12年7个月1天	2043/8/31	¥3,50
13	2010-10-20	774804197710031650	1977/10/3	46	女	12年8个月6天	2037/10/2	¥3,50
14	2010-12-25	244253197912013899	1979/12/1	44	女	12年6个月1天	2039/11/30	¥3,50
15	2010-3-16	610282197502208064	1975/2/20	48	男	13年3个月10天	2030/2/19	¥3,50
16	2010-7-12	860175198707067475	1987/7/6	36	女	12年11个月14天	2047/7/5	¥3,50
17	2010-10-7	310730198601233384	1986/1/23	37	男	12年8个月19天	2041/1/22	¥3,50

员工基本信息

就绪 100%

图6-13 计算退休日期

4. 制作“退休日期查询系统”

下面实现在S4单元格中输入员工编号，单击“查询”按钮后自动显示员工的姓名、联系方式和退休日期的功能。

（1）在S1:V4单元格区域制作查询系统的内容，如图6-14所示。

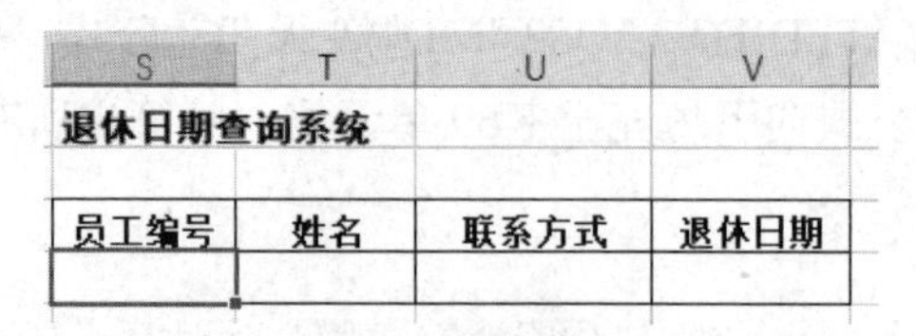

图6-14　查询系统

（2）为表格区域套用条件格式，切换至“表格工具-设计”选项卡，在“属性”选项组中的“表名称”文本框中显示“表1”，这是表格区域的名称，接下来公式中需要使用。

（3）切换至“开发工具”选项卡，单击“代码”选项组中“录制宏”按钮。设置宏名。打开“录制宏”对话框，在“宏名（M）”文本框中输入“查询”文本，单击“确定”按钮，如图6-15所示。

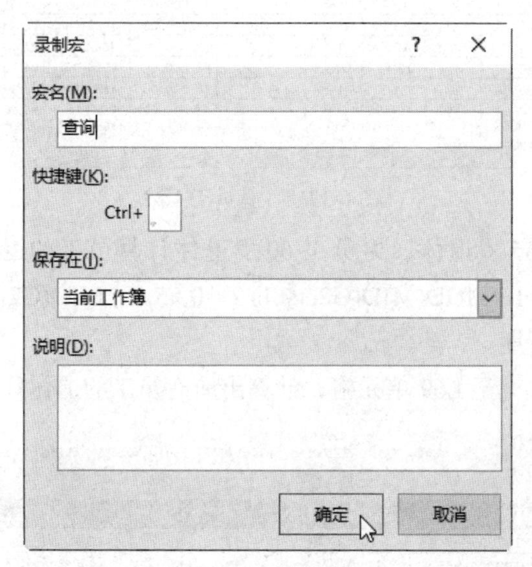

图6-15　录制宏

（4）开始录制宏，在T4单元格中输入“=IFERROR(VLOOKUP($S$4,表1,2,FALSE),"请输入员工编号")”公式。从表格中查询S4单元格中员工编号对应的员工姓名。

（5）将公式向右填充到V4单元格中，修改U4单元格中VLOOKUP()函数第3个参数为5，表示查找员工的联系方式。

（6）修改V4单元格中VLOOKUP()函数第3个参数为12，表示查找员工的退休日期。单击“停止录制”按钮，如图6-16所示。

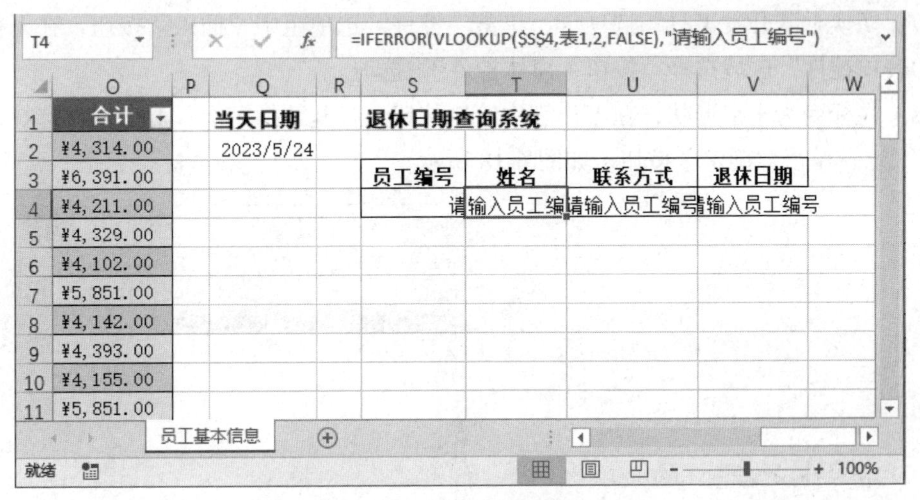

图 6-16　录制宏输入公式

在制作之前，需要在功能区添加“开发工具”选项卡，在该选项卡下添加控件。单击“文件”标签，在列表中选择“选项”选项。打开“Excel 选项”对话框，在左侧选择“自定义功能区”选项，在右侧勾选“开发工具”复选框，单击“确定”按钮，如图 6-17 所示。

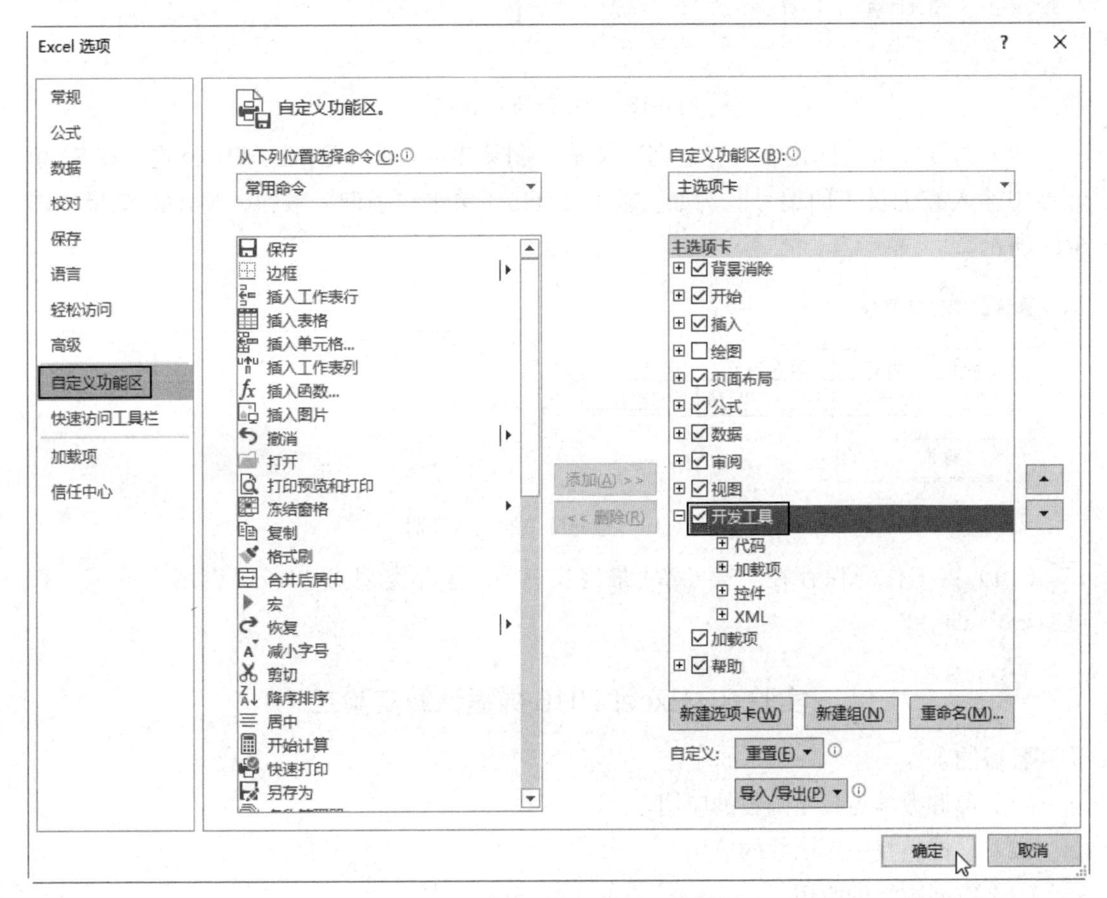

图 6-17　添加“开发工具”选项卡

（7）切换至“开发工具”选项卡，单击“控件”选项组中“插入”按钮，在下拉列表框的“表单控件”区域选择“按钮（窗体控件）”选项。

（8）光标变为十字形状，在工作表中绘制按钮，打开“指定宏”对话框，选择录制的“查询”宏，单击“确定”按钮，如图 6-18 所示。

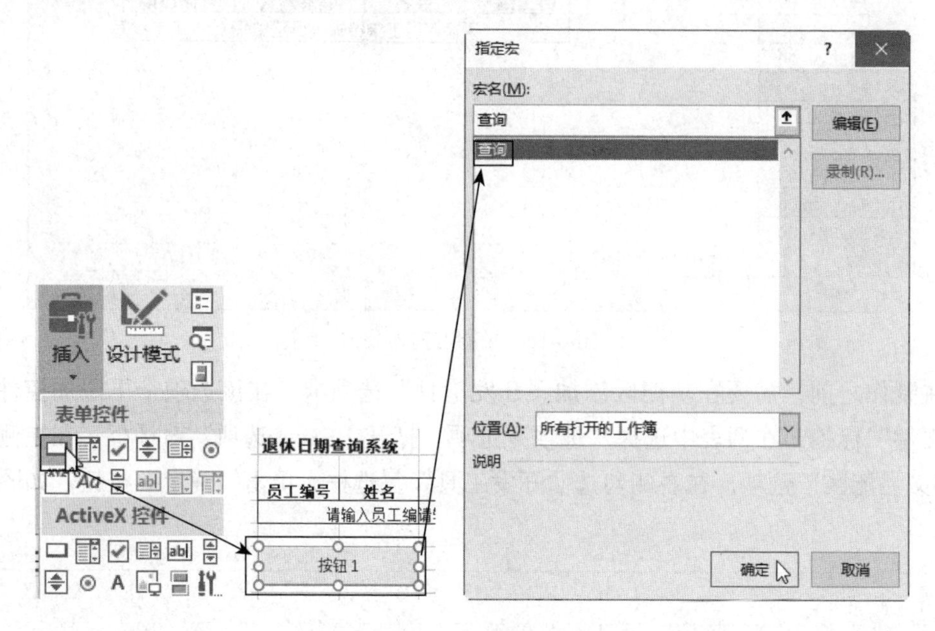

图 6-18　绘制按钮并指定宏

（9）选择按钮名称并输入“查询”文本。删除 T4：V4 单元格区域中公式，在 S4 单元格中输入查询员工的编号。例如，输入 17115，单击“查询”按钮，显示的结果如图 6-19 所示。

图 6-19　查询员工的退休日期

（10）将工作簿保存在“第 6 章 \ 最终文件”，保存类型为“Excel 启用宏的工作簿 (*.xlsm)”即可。

实验 3　Excel 2016 数据计算实验二

【实验目的】

（1）掌握数学与三角函数的应用。

（2）掌握查找引用函数的应用。

（3）掌握数组的应用。

【知识要求】

掌握 Excel 2016 公式和函数中的相关内容。

【实验内容与操作步骤】

1. 使用 SUM() 函数计算销量

（1）打开“产品销售分析表 .xlsx”工作簿，切换至“各产品月销量统计表”工作表，在 P2 单元格中输入“=SUM(D2:I2)”公式。

（2）将 P2 单元格中公式向下填充至 P40 单元格，计算出上半年的销量。

（3）在 Q2 单元格中输入“=SUM(J2:O2)”公式，按 Enter 键执行计算。

（4）将 Q2 单元格中公式向下填充至 Q40 单元格，计算出下半年的销量。

（5）在 R2 单元格中输入“=P2+Q2”公式，并向下填充公式，如图 6-20 所示。

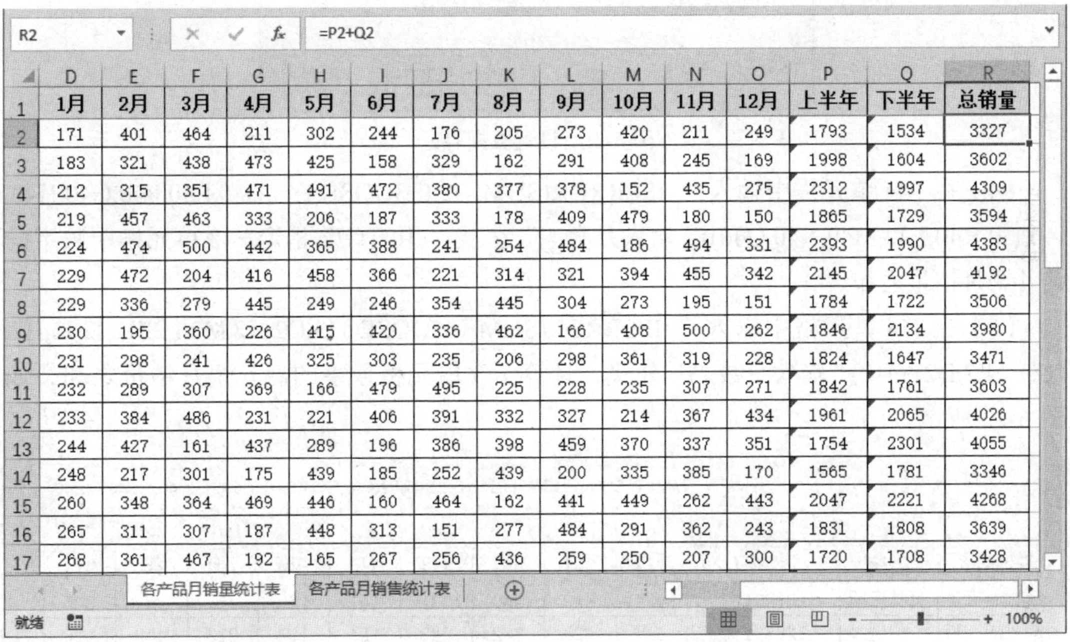

R2 =P2+Q2

	D	E	F	G	H	I	J	K	L	M	N	O	P	Q	R
1	1月	2月	3月	4月	5月	6月	7月	8月	9月	10月	11月	12月	上半年	下半年	总销量
2	171	401	464	211	302	244	176	205	273	420	211	249	1793	1534	3327
3	183	321	438	473	425	158	329	162	291	408	245	169	1998	1604	3602
4	212	315	351	471	491	472	380	377	378	152	435	275	2312	1997	4309
5	219	457	463	333	206	187	333	178	409	479	180	150	1865	1729	3594
6	224	474	500	442	365	388	241	254	484	186	494	331	2393	1990	4383
7	229	472	204	416	458	366	221	314	321	394	455	342	2145	2047	4192
8	229	336	279	445	249	246	354	445	304	273	195	151	1784	1722	3506
9	230	195	360	226	415	420	336	462	166	408	500	262	1846	2134	3980
10	231	298	241	426	325	303	235	206	298	361	319	228	1824	1647	3471
11	232	289	307	369	166	479	495	225	228	235	307	271	1842	1761	3603
12	233	384	486	231	221	406	391	332	327	214	367	434	1961	2065	4026
13	244	427	161	437	289	196	386	398	459	370	337	351	1754	2301	4055
14	248	217	301	175	439	185	252	439	200	335	385	170	1565	1781	3346
15	260	348	364	469	446	160	464	162	441	449	262	443	2047	2221	4268
16	265	311	307	187	448	313	151	277	484	291	362	243	1831	1808	3639
17	268	361	467	192	165	267	256	436	259	250	207	300	1720	1708	3428

各产品月销量统计表 各产品月销售统计表

就绪 100%

图 6-20 计算出上半年、下半和总销量的数据

（6）在 D41 单元格中输入“=SUM(D2:D40)”公式，计算 1 月所有销量。

（7）将 D41 单元格中公式向右填充至 O41 单元格。

2. 计算某月、前几个月和后几个月的值

（1）在 B43：J44 单元格区域中完善表格，按住 Ctrl 键选择 C43、F43 和 J43 单元格，切换至“数据”选项卡，单击“数据工具”选项组中“数据验证”按钮。

（2）在“设置”选项卡中设置“允许（A）”为“序列”，在“来源”中输入数据，单击“确定”按钮，如图 6-21 所示。

（3）在 C44 单元格中输入“=IFERROR(SUM(CHOOSE(C43,D2:D40,E2:E40,F2:F40,G2:G40,H2:H40,I2:I40,J2:J40,K2:K40,L2:L40,M2:M40,N2:N40,O2:O40)),"输入查询月份")”公式，用于计算出在 C43 单元格指定某个月的销量。

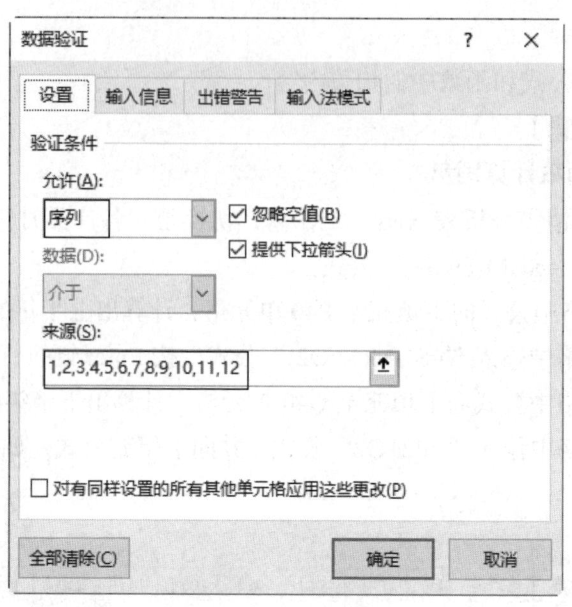

图 6-21 设置数据验证

（4）在 F44 单元格中输入“=IFERROR(SUM(D2:CHOOSE(F43,D40,E40,F40,G40,H40,I40,J40,K40,L40,M40,N40,O40)),"输入月数")”公式，用于计算指定 F43 单元格中数字的前几个月销量之和。

（5）在 J44 单元格中输入“=IFERROR(SUM(CHOOSE(J43,O2,N2,M2,L2,K2,J2,I2,H2,G2,F2,E2,D2):O40),"输入月数")”公式，计算 J43 单元格数字的后几个月销量之和，如图 6-22 所示。

C44 =IFERROR(SUM(CHOOSE(C43,D2:D40,E2:E40,F2:F40,G2:G40,H2:H40,I2:I40,J2:J40,

	A	B	C	D	E	F	G	H	I	J	K	L
1	序号	品牌	型号	1月	2月	3月	4月	5月	6月	7月	8月	9月
32	XGWL030	奥林巴斯	E-PL10	417	378	386	331	181	163	467	264	305
33	XGWL009	佳能	IXUS 175	426	428	372	248	155	194	323	462	229
34	XGWL011	佳能	G7 X MarkII	431	174	423	432	461	371	464	410	475
35	XGWL032	奥林巴斯	EM5 MarkIII	448	189	484	179	318	430	354	370	186
36	XGWL034	奥林巴斯	TG6潜水	457	411	201	258	427	455	224	482	412
37	XGWL031	佳能	SX720	459	220	500	366	402	209	246	217	387
38	XGWL035	佳能	MarK IV5D4	462	272	500	439	377	152	383	481	280
39	XGWL001	索尼	Alpha 7 II	485	450	381	394	416	241	286	249	178
40	XGWL027	尼康	D750	499	447	336	288	484	246	483	364	435
41	按月分汇总销量：			12371	13290	14409	13059	13293	11787	12803	12717	12325
42												
43		月份		前几个月				后几个月				
44		销量	输入查询月份	销量		输入月数		销量		输入月数		
45												

各产品月销量统计表 各产品月销售统计表

就绪 100%

图 6-22 计算某月、前几个月和后几个月的值

3. 使用数组公式计算数值

（1）切换至“各产品月销售统计表”工作表中，选择E3：F41单元格区域，输入“=D3:D41*(1-E2:F2)”公式。

（2）按Ctrl+Shift+Enter组合键，即可快速计算出不同折扣的单价。

（3）选择G3：H41单元格区域，然后输入“=E3:F41*各产品月销量统计表!P2:Q40”公式，按Ctrl+Shift+Enter组合键，计算上半年和下半年销售金额。

（4）选择I3：I40单元格区域，输入“=G3:G41+H3:H41”公式，按Ctrl+Shift+Enter组合键，计算年销售额，如图6-23所示。

H3 {=E3:F41*各产品月销量统计表!P2:Q40}

	C	D	E	F	G	H	I
1	型号	单价	上半年折扣	下半年折扣	上半年销售金额	下半年销售金额	年销售额
2			5%	9%			
3	Alpha 7 II	¥7,699.00	¥7,314.05	¥7,006.09	¥13,114,091.65	¥10,747,342.06	¥23,861,433.71
4	DSC-RX100	¥8,588.00	¥8,158.60	¥7,815.08	¥16,300,882.80	¥12,535,388.32	¥28,836,271.12
5	OM-D	¥7,588.00	¥7,208.60	¥6,905.08	¥16,666,283.20	¥13,789,444.76	¥30,455,727.96
6	Alpha 7R III	¥16,888.00	¥16,043.60	¥15,368.08	¥29,921,314.00	¥26,571,410.32	¥56,492,724.32
7	D 7500	¥7,000.00	¥6,650.00	¥6,370.00	¥15,913,450.00	¥12,676,300.00	¥28,589,750.00
8	D 5600	¥5,488.00	¥5,213.60	¥4,994.08	¥11,183,172.00	¥10,222,881.76	¥21,406,053.76
9	G7 X MarkIII	¥4,888.00	¥4,643.60	¥4,448.08	¥8,284,182.40	¥7,659,593.76	¥15,943,776.16
10	Alpha 9	¥24,888.00	¥23,643.60	¥22,648.08	¥43,646,085.60	¥48,331,002.72	¥91,977,088.32
11	IXUS 175	¥850.00	¥807.50	¥773.50	¥1,472,880.00	¥1,273,954.50	¥2,746,834.50
12	P900S	¥3,188.00	¥3,028.60	¥2,901.08	¥5,578,681.20	¥5,108,801.88	¥10,687,483.08
13	G7 X MarkII	¥3,799.00	¥3,609.05	¥3,457.09	¥7,077,347.05	¥7,138,890.85	¥14,216,237.90
14	Wx350	¥1,688.00	¥1,603.60	¥1,536.08	¥2,812,714.40	¥3,534,520.08	¥6,347,234.48
15	EM5 MarkII	¥7,988.00	¥7,588.60	¥7,269.08	¥11,876,159.00	¥12,946,231.48	¥24,822,390.48
16	TG-6	¥3,188.00	¥3,028.60	¥2,901.08	¥6,199,544.20	¥6,443,298.68	¥12,642,842.88
17	SX740	¥2,699.00	¥2,564.05	¥2,456.09	¥4,694,775.55	¥4,440,610.72	¥9,135,386.27

各产品月销量统计表　各产品月销售统计表

就绪　100%

图6-23　使用数组公式计算

4. 计算销售额前3的金额并查找对应的型号

（1）在K1：L5单元格区域中完善表格，选择L3：L5单元格区域，输入公式“=LARGE(I3:I41,{1;2;3})”，按Ctrl+Shift+Enter组合键，提取年销售额前3的数据，并降序排列，如图6-24所示。

{=LARGE(I3:I41,{1;2;3})}

K	L
型号	销售额前3
	¥215,820,240.00
	¥186,994,112.76
	¥91,977,088.32

图6-24　计算年销售额前3的数据

（2）在K3单元格中输入公式“=VLOOKUP(L3,IF({1,0},I3:I41,C3:C41),2,FALSE)”，提取L3单元格数据对应的型号。

（3）将K3单元格中公式向下填充至K5单元格，如图6-25所示。

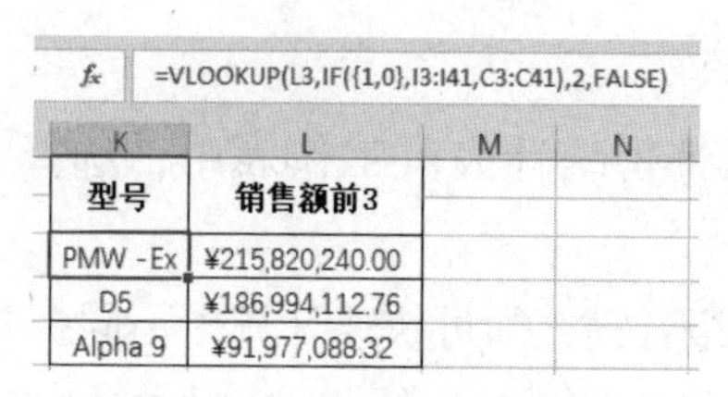

=VLOOKUP(L3,IF({1,0},I3:I41,C3:C41),2,FALSE)

型号	销售额前3
PMW - Ex	¥215,820,240.00
D5	¥186,994,112.76
Alpha 9	¥91,977,088.32

图 6-25　查找对应的型号

5. 使用 SUMIF() 函数计算指定品牌的年销售额并排名

（1）在 K7：M11 单元格区域完善表格，选中 L8 单元格并输入公式“=SUMIF($B$3:$B$41,K8,$I$3:$I$41)”，按 Enter 键计算出“索尼”的年销售额。

（2）将 L8 单元格中公式向下填充至 L11 单元格，计算出各品牌的年销售额，如图 6-26 所示。

（3）在 M8 单元格中输入“=RANK(L8,$L$8:$L$11)”公式，计算 L8 单元格中数据在 L8:L11 单元格区域内数据的排名。

（4）将 M8 单元格中公式向下填充至 M11 单元格，如图 6-27 所示。

=SUMIF($B$3:$B$41,K8,$I$3:$I$41)

品牌	年销售额	排名
索尼	¥530,925,480.35	
奥林巴斯	¥228,696,239.83	
尼康	¥426,753,057.90	
佳能	¥266,729,512.27	

图 6-26　计算各品牌的年销售额

=RANK(L8,$L$8:$L$11)

品牌	年销售额	排名
索尼	¥530,925,480.35	1
奥林巴斯	¥228,696,239.83	4
尼康	¥426,753,057.90	2
佳能	¥266,729,512.27	3

图 6-27　排名的效果

实验 4　图表的应用实验

【实验目的】

（1）掌握添加图表元素的方法。

（2）掌握设置图表格式的方法。

（3）掌握复合图表的制作方法。

（4）掌握函数的应用技巧。

【知识要求】

掌握 Excel 2016 中图表相关内容，在本章实验 4 中介绍的图表应用要比常规图表复杂一些，但是使用的功能都是图表常用的功能。

【实验内容与操作步骤】

复合图表指由不同类型图表的系列组成的图表。复合图表比常规图表更美观，更能完美地展示数据。动态双层饼图结合函数和控件制作出的动态交互的图表，能根据需要在图表中显示不同的数据。但这种图表比较难。

1. 柱形图和折线图的组合

柱形图和折线图的组合图表是比较常见的，使用柱形图表示数据，折线图表示完成率或增长率等，可以将两组差别较大的数据展示清楚。

下面使用柱形和折线图的组合展示 2022 年和 2023 年销售数量及增长率的数据，具体操作如下所示。

（1）打开“2022—2023 年各地区销售额统计 .xlsx”工作簿，切换至“各店面销量分析”工作表，在 D 列增加“增长率”，在 D2 单元格中输入“=C2/B2-1”公式，并向下填充到 D7 单元格。

（2）选择 D2：D7 单元格区域，在“开始”选项卡的“数字”选项组中单击“数字格式”按钮，在下拉列表框中选择“百分比”选项。

（3）选中图表，通过拖动数据区域的控制点将 D 列数据添加到图表中。由于 D 列数据很小，所以，在图表中很难看到，如图 6-28 所示。

图 6-28　在图表中添加数据

（4）右击图表，在快捷菜单中选择“更改图表类型”命令，在打开的“更改图表类型”对话框中选择“组合图”选项，设置“增长率”数据系列为“折线图”，并勾选“次坐标轴”复选框，单击“确定”按钮，如图 6-29 所示。

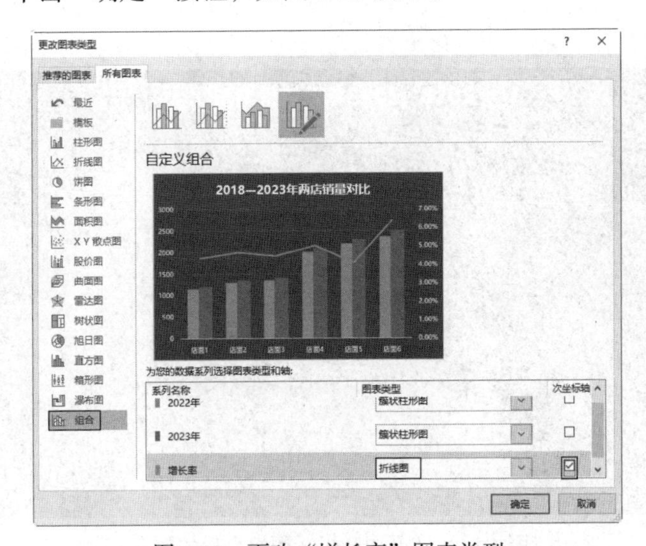

图 6-29　更改“增长率”图表类型

（5）完成以上步骤图表中即可清晰显示两组数据了。主要纵坐标轴刻度共6项，而次要坐标轴刻度为7项，需要将其设置一致。选中次要纵坐标轴，打开“设置坐标轴格式”导航窗格的“坐标轴选项”选项区域，设置最大值为0.06，即可保持主、次纵坐标轴一致，如图6-30所示。

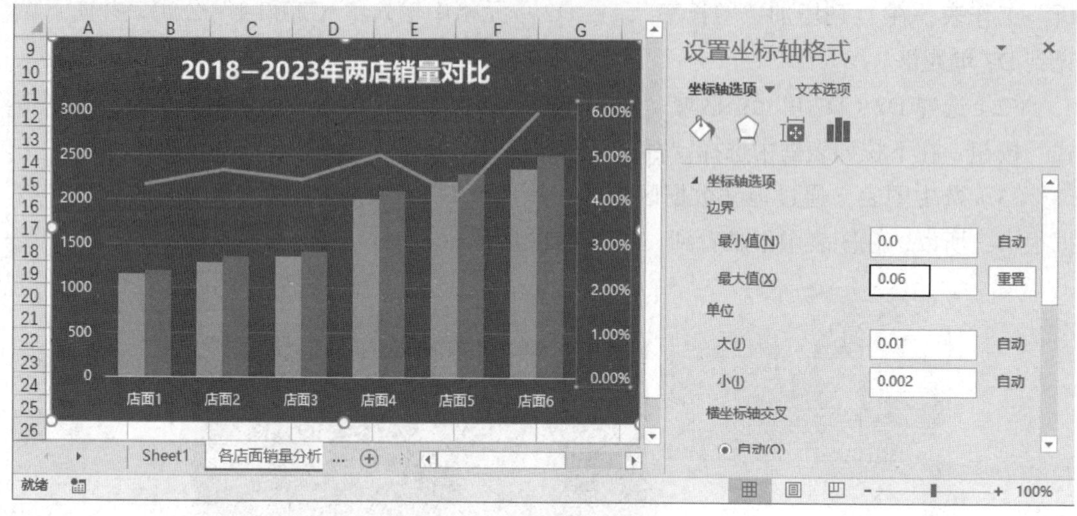

图6-30　设置次坐标轴值

（6）选择折线，在“设置数据系列格式”导航窗格的“填充与线条”选项卡中勾选“平滑线”复选框，此时折线将平滑显示。

（7）在折线最高点单击两次，切换至“图表工具 - 设计”选项卡，单击“图表布局”选项组中“添加图表元素”按钮，在下拉列表框中选择“数据标签 > 数据标签外”选项，即可为最高点添加数据标签。

（8）选择次坐标轴，在“设置坐标轴格式”导航窗格的“坐标轴选项”选项卡中展开“标签”选项区域，设置“标签位置”为“无”。查看柱形图和折线图组合后的效果，如图6-31所示。

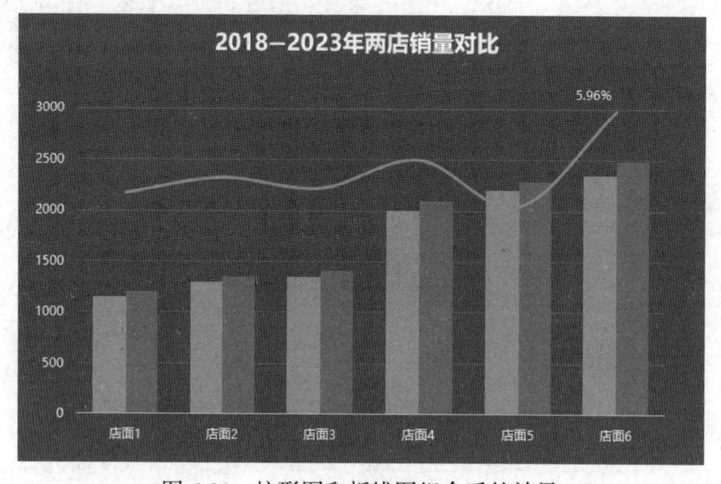

图6-31　柱形图和折线图组合后的效果

2. 制作纵向滑珠图

滑珠图是堆积条形图和散点图的组合图形，可以完美地比较完成和未完成数据。

例如，使用滑珠图比较 2023 年上半年每月完成率和未完成率的关系，具体操作方法如下所示。

（1）打开“2023 年上半年每月任务完成率 .xlsx”工作簿，在 D 列创建 Y 轴（散点图的 Y 轴），从 0.5 开始间隔 1 做散点图的 Y 轴能正好保证散点落在滑轨上。

（2）选择 A1：D7 单元格区域，切换至“插入”选项卡，单击“图表”选项组中“插入柱形图或条形图”按钮，在下拉列表框中选择“堆积条形图”选项，如图 6-32 所示。

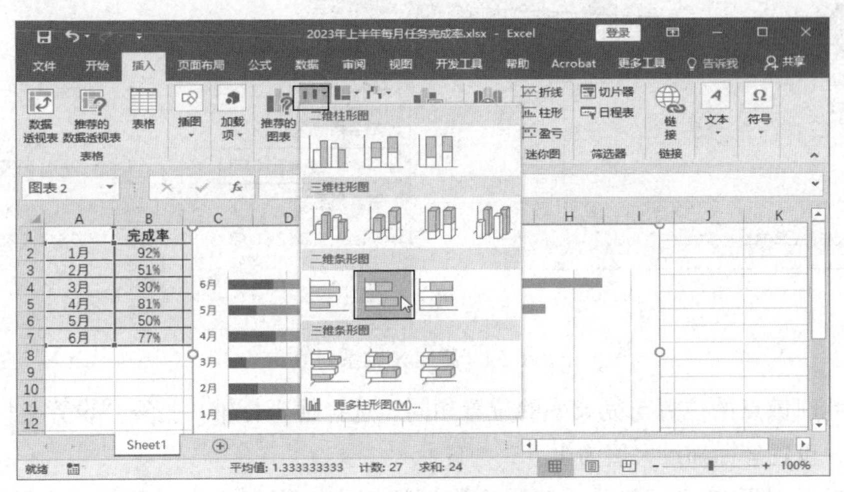

图 6-32 插入堆积条形图

（3）选择“Y 轴”数据系列并右击，在快捷菜单中选择“更改系列图表类型”命令。在打开的对话框中设置“Y 轴”为“散点图”，单击“确定”按钮，如图 6-33 所示。

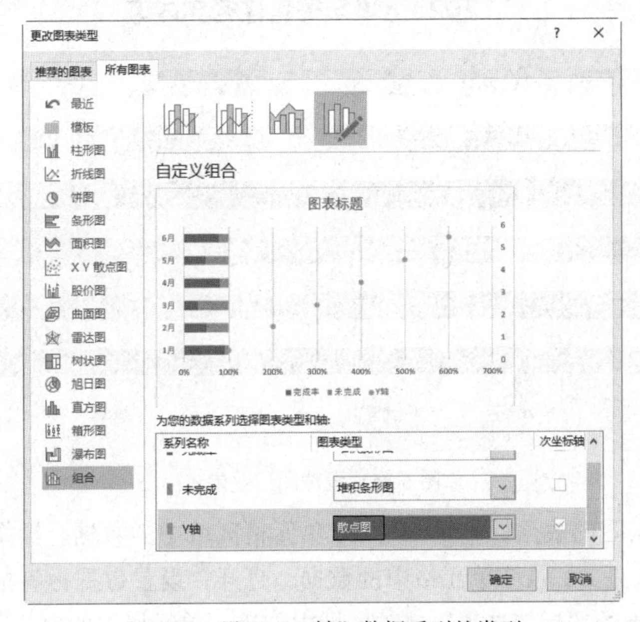

图 6-33 设置“Y 轴”数据系列的类型

（4）右击图表，在快捷菜单中选择“选择数据”命令，打开“选择数据源”对话框，在“图例项（系列）（S）”选项区域中选择“Y 轴”选项，单击“编辑（E）”按钮。

（5）打开“编辑数据系列”对话框，设置“X 轴系列值（X）”引用 B2:B7 单元格区域，其他参数不变，单击“确定”按钮，如图 6-34 所示。

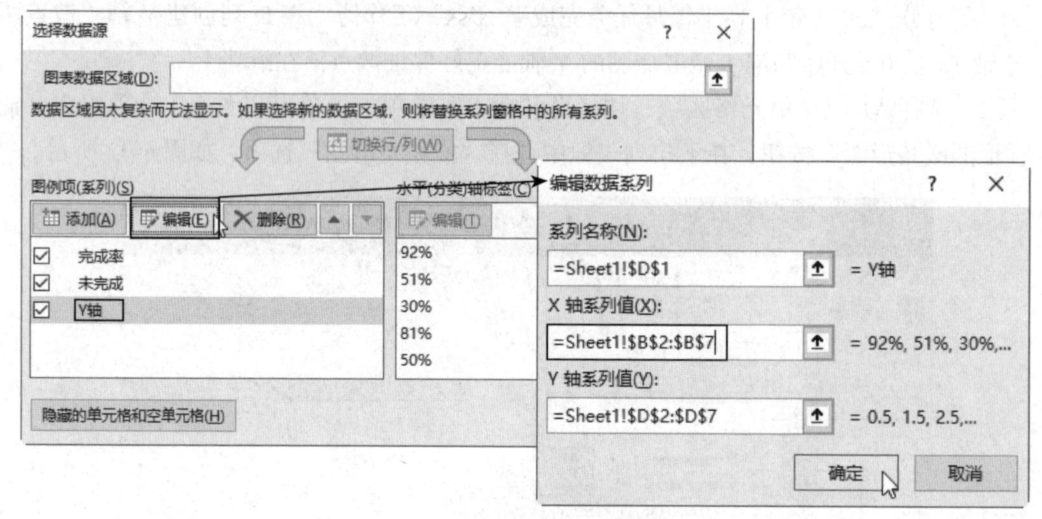

图 6-34　添加 X 轴系列值

（6）此时散点的位置与完成率的位置相同。选择横坐标轴，打开“设置坐标轴格式”导航窗格，设置坐标轴最大值为 1。

（7）最后对图表进行美化，美化操作可根据个人喜好决定，如编者设计的效果如图 6-35 所示。

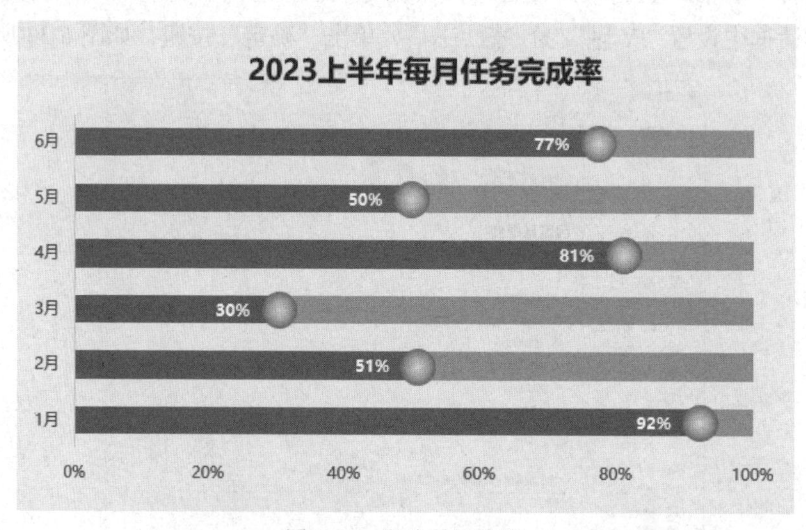

图 6-35　滑珠图的效果

图 6-34 中散点图的数据标签是 B2：B7 单元格区域中的数据。操作方法为散点图添加数据标签，默认是 D2：D7 单元格中的数据，打开“设置数据标签格式”导航窗，在“标签选项”选项卡的“标签选项”选项区域中勾选“单元格中的值”复选框，打开“数

据标签区域”对话框，选择B2：B7单元格区域即可。

3. 动态双层饼图

前面介绍的都是两种不同类型的图表组合成复合图表，双层饼图是使用饼图制作的复合图表，其可结合“组合框”控件让图表动起来。

下面介绍制作动态双层饼图的方法。

（1）首先通过函数计算出制作双层饼图的数据，如图6-36所示。

	A	B	C	D	E	F	G
1	地区	季度	销售数量				
2	店面1	第1季度	372		1	店面1	1426
3	店面1	第2季度	277		店面1	店面2	1242
4	店面1	第3季度	299		店面2	店面3	1135
5	店面1	第4季度	478		店面3	店面4	1145
6	店面2	第1季度	340		店面4	第1季度	372
7	店面2	第2季度	336			第2季度	277
8	店面2	第3季度	287			第3季度	299
9	店面2	第4季度	279			第4季度	478
10	店面3	第1季度	356			其他店面	3522
11	店面3	第2季度	295				
12	店面3	第3季度	105				
13	店面3	第4季度	379				
14	店面4	第1季度	362				
15	店面4	第2季度	388				
16	店面4	第3季度	155				
17	店面4	第4季度	240				

图6-36 计算数据

其中，F2单元格中公式为“=CHOOSE(E2,E3,E4,E5,E6)”；F3单元格中公式为“=INDEX($E$3:$E$6,MIN(IF(COUNTIF($F$2:F2,$E$3:$E$6)=0,ROW($A$1:$A$4),5)))”，是数组公式按Ctrl+Shift+Enter组合键，并且向下填充至F5单元格；G2单元格中公式为“=SUMIF($A$2:$A$17,F2,$C$2:$C$17)”，向下填充至G5单元格；F6：G9单元格区域中公式为“=OFFSET($A$1,MATCH($F$2,$A$2:$A$17,0),1,4,2)”，为数组公式，按Ctrl+Shift+Enter组合键填充；G10单元格中公式为“=SUM(G3:G5)”。

（2）选择F6：G10单元格区域，切换至“插入”选项卡，单击“图表”选项组中“插入饼图或圆环图”按钮，在下拉列表框中选择“饼图”选项。

（3）右击饼图，在快捷菜单中选择“选择数据”命令，打开“选项择数据源”对话框，单击“添加”按钮。

（4）打开“编辑数据系列”对话框，设置“系列名称”引用A1单元格，“系列值”引用G2：G5单元格区域，依次单击“确定”按钮，如图6-37所示。

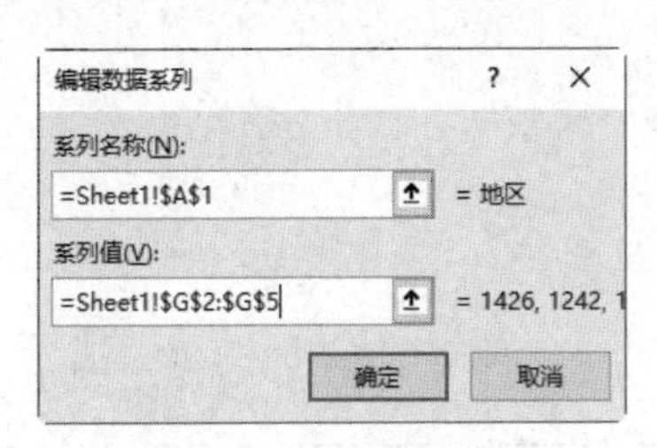

图6-37 添加数据系列

（5）右击饼图，在快捷菜单中选择“更改图表类型”命令，在打开的对话框中都设置为饼图，设置“系列 1”为次坐标轴，单击“确定”按钮。

（6）返回工作表中删除图例，选择“系列 1”扇区，在“设置数据系列格式”导航窗格的“系列选项”选项区域中设置“饼图分离”为 50%。然后逐个将分离的扇区移到中心位置，如图 6-38 所示。

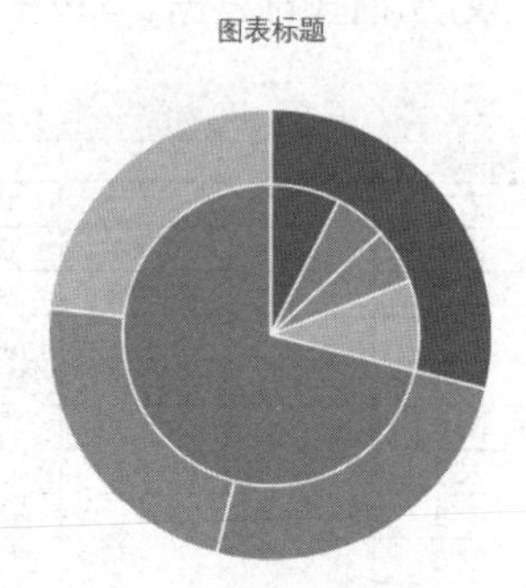

图 6-38　调整外侧饼图的大小

（7）对饼图进行美化，然后添加图表标题和数据标签，其中将外侧最大的扇区设置为无填充、无轮廓。

双层饼图制作完成后，添加控件，将其制作成动态的饼图。

（8）切换至“开发工具”选项卡，单击“控件”选项组中“插入”按钮，选择“组合框（窗体控制）”选项。

（9）在饼图的左上角绘制组合框，右击组合框，选择“设置控件格式”命令。打开“设置对象格式”对话框，在“控制”选项卡下设置“数据源区域”为 E3：E6 单元格区域，单元格链接为 E2 单元格，单击“确定”按钮，如图 6-39 所示。

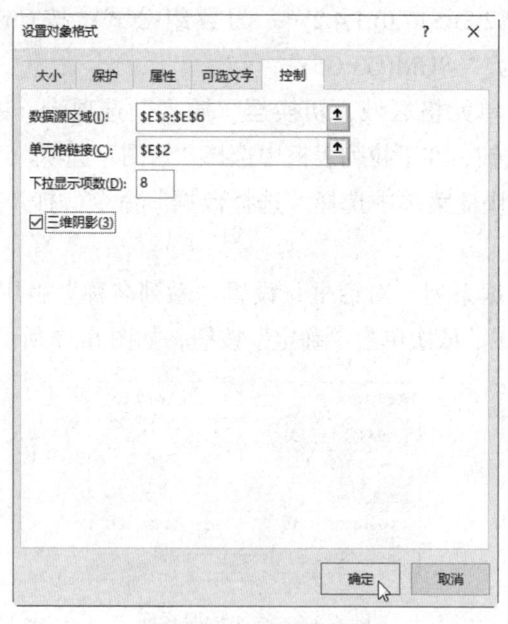

图 6-39　设置控件

（10）单击组合框右侧的列表按钮，在下拉列表框中选择查看的店面名称，即可在饼图中显示该店面的每季度的销售数量大概的比例。例如，选择“店面3”，如图6-40所示。

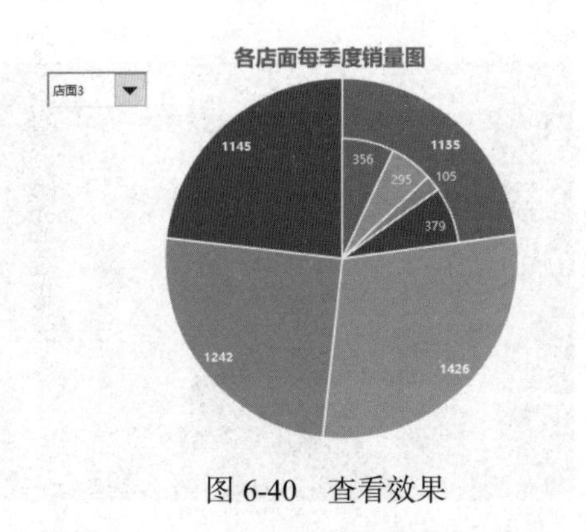

图6-40　查看效果

实验5　图表中常见的问题实验

【实验目的】

（1）掌握图表中不显示隐藏数据的方法。

（2）掌握第1行或第1列为数值的问题处理方法。

（3）掌握折线图中空数据的处理方法。

【知识要求】

掌握Excel 2016中图表相关内容，在使用不按规定制作的表格，或特殊的表格时，制作的图表会出现一些小问题。本实验将介绍如何处理这些问题。

【实验内容与操作步骤】

1. 图表中不显示隐藏的数据

在制作图表时，经常使用辅助的数据，在展示图表时是不需要将辅助数据所在的行或列显示出来的。

如图6-41所示是原数据和对应柱形图。

年份	2022年	2023年	增长率
店面1	1150	1200	4.35%
店面2	1290	1350	4.65%
店面3	1350	1410	4.44%
店面4	2000	2100	5.00%
店面5	2200	2290	4.09%
店面6	2350	2490	5.96%

图6-41　原数据和图表的效果

此时将 D 列的数据隐藏起来，则图表中增长率折线图也不再显示，如图 6-42 所示。那么如何设置，使隐藏数据后在图表中仍然显示对应的图表呢？

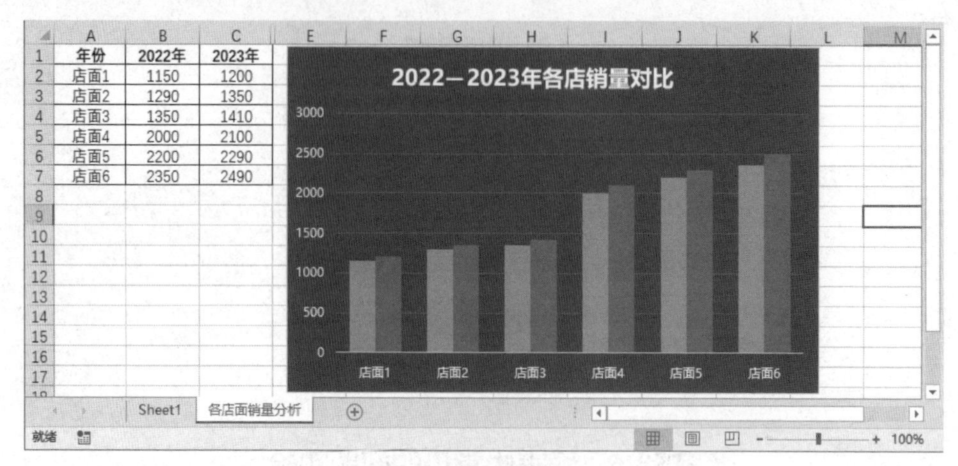

图 6-42　隐藏数据的效果

下面介绍解决该问题的方法。

（1）选择图表并右击，在快捷菜单中选择“选择数据”命令，打开“选择数据源”对话框，单击“隐藏的单元格和空单元格（H）”按钮，如图 6-43 所示。

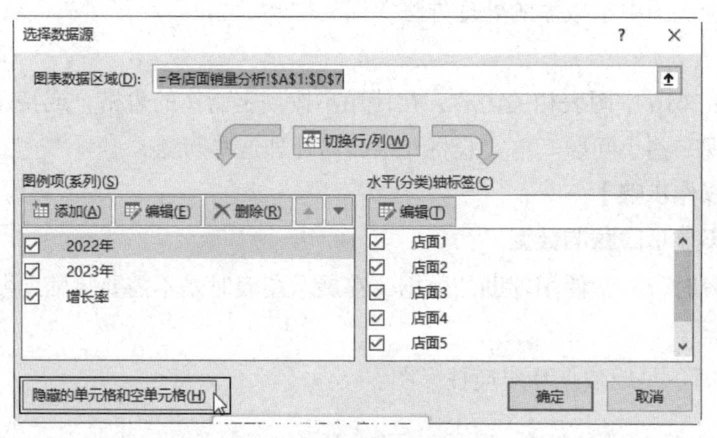

图 6-43　单击“隐藏的单元格和空单元格（H）”按钮

（2）打开“隐藏和空单元格设置”对话框，勾选“显示隐藏行列中的数据（H）”复选框，单击“确定”按钮，如图 6-44 所示。

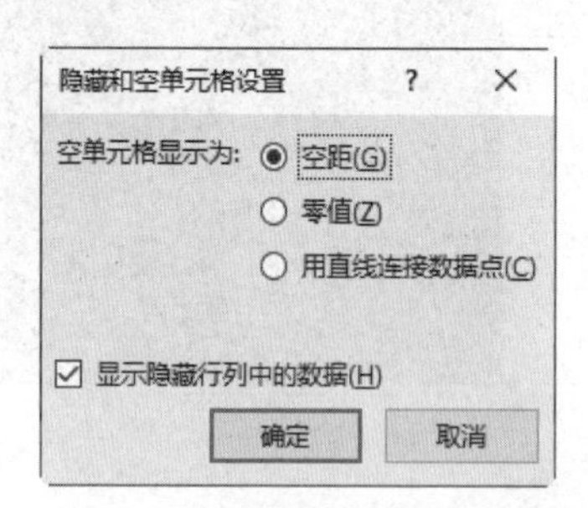

图 6-44　勾选“显示隐藏行列中的数据”复选框

（3）返回上级对话框，单击“确定”按钮，在工作表中再次隐藏D列，则图表依旧显示“增长率”折线图。

2. 第1行或第1列为数值的问题

当数据表格中的第1列为数值时，制作图表会默认将该列作为数据系列绘制在图表上，而不是将之作为横坐标轴，如图6-45所示。

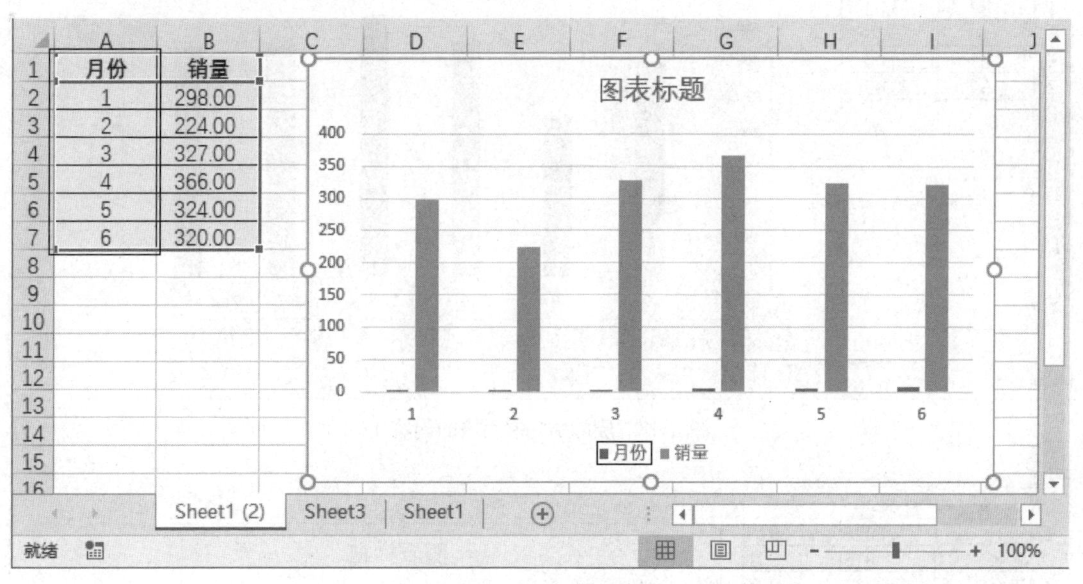

图6-45 第1列为数值

如果数据表格中第1行也是数值，创建图表时，则第1行不会作为图表的类别名称显示，而是作为数据系列显示，如图6-46所示。

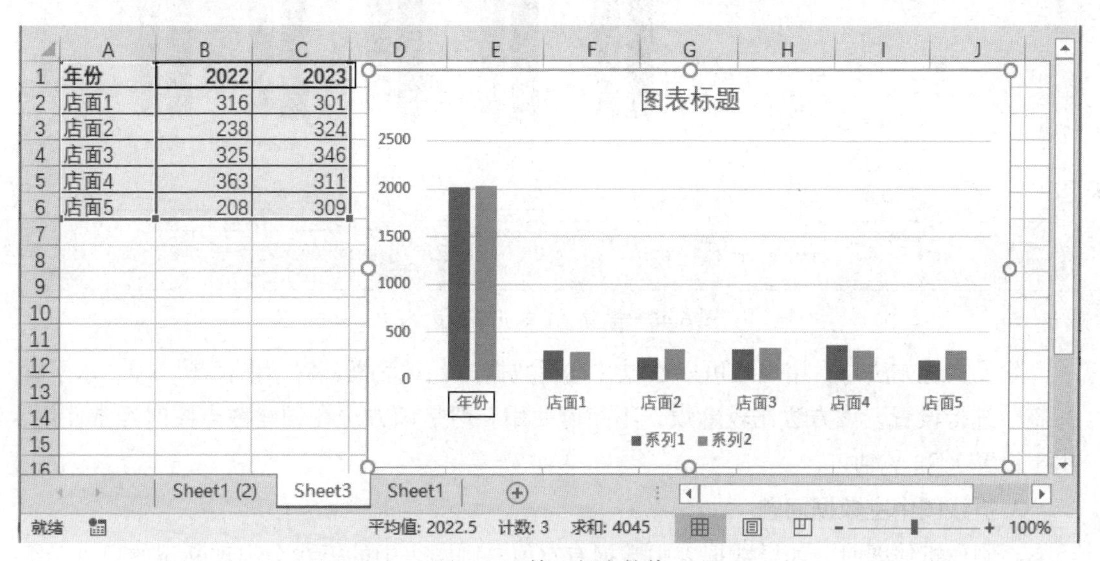

图6-46 第1行为数值

解决这类问题的方法有很多，可以为第1列或第1行的数值添加对应的文本。例如，1更改为“1月”、2022更改为“2022年”即可。

其实还有更简单的方法解决该问题，就是将数据表格的左上角单元格保持为空值，也就是删除 A1 单元格中的内容，如图 6-47 和图 6-48 所示。

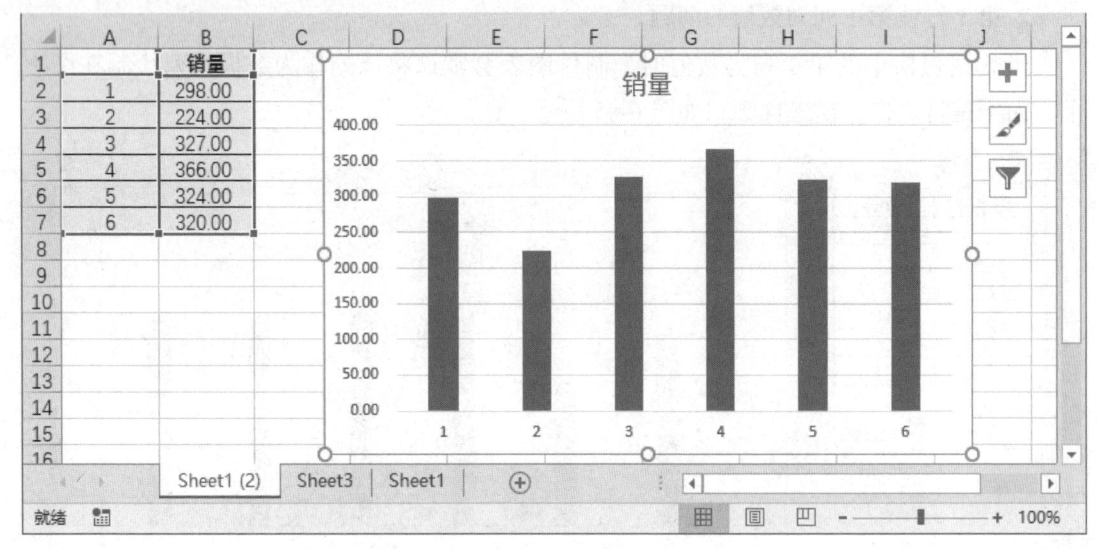

图 6-47　删除 A1 单元格的内容 1

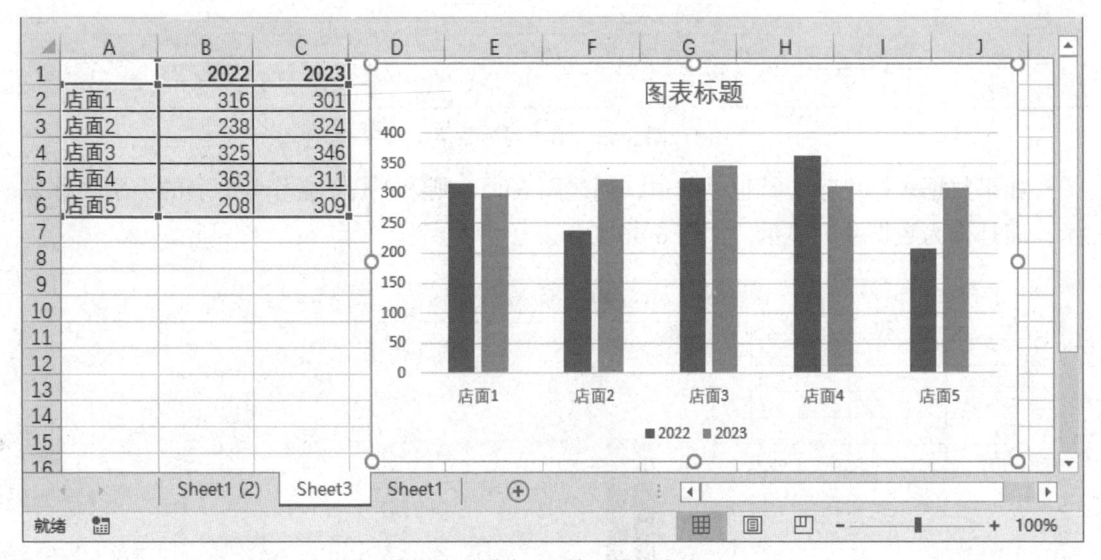

图 6-48　删除 A1 单元格的内容 2

除了上述方法外，用户还可以通过“选择数据源”对话框，对“图例项”和“水平轴标签”进行设置，该方法比较麻烦，不建议使用。但是该方法在创建散点图时经常使用，用于设置 X 和 Y 轴。

3. 折线图中空数据问题

在制作折线图时，如果数据表中数据有空值，则图表中的折线会出现断裂的现象，影响展示效果。这是因为图表在处理空单元格时，默认通过空距的方法处理该问题。

例如，在统计每天销量时，2023 年 6 月 3 日这天没有营业，所以销量是空值，则创建的折线图是断裂的，如图 6-49 所示。

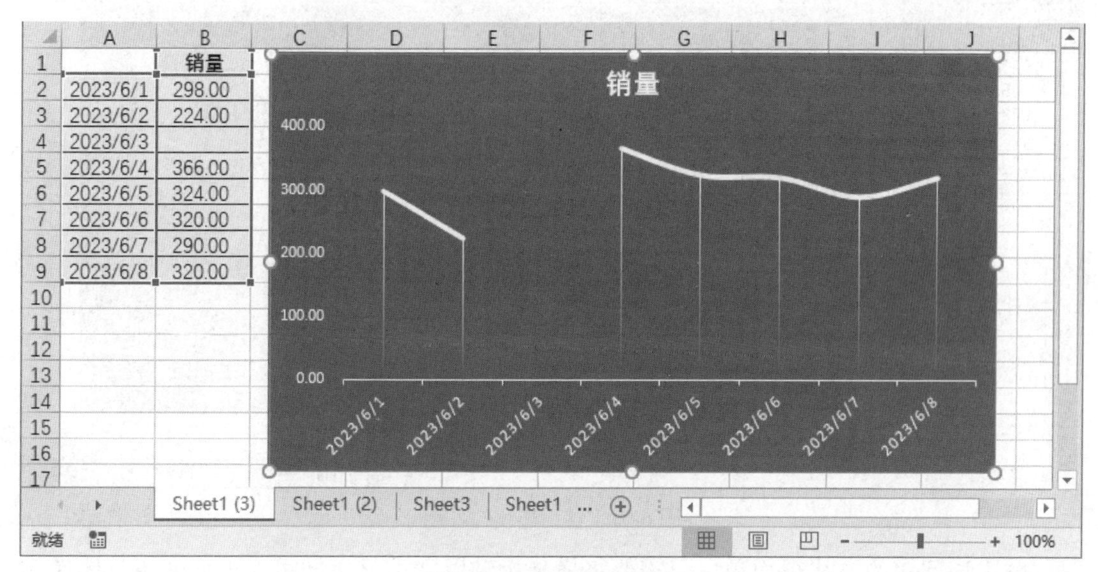

图 6-49　断裂的折线图

为了能够更完美地展示图表，可以通过设置零值或使用直线连接，并不使用直线形状直接连接。选中图表打开“选择数据源”对话框，单击“隐藏的单元格和空单元格（H）”按钮，打开“隐藏和空单元格设置”对话框，在“空单元格显示为”选项区域中选中相应的单选按钮即可，如图 6-50 所示。

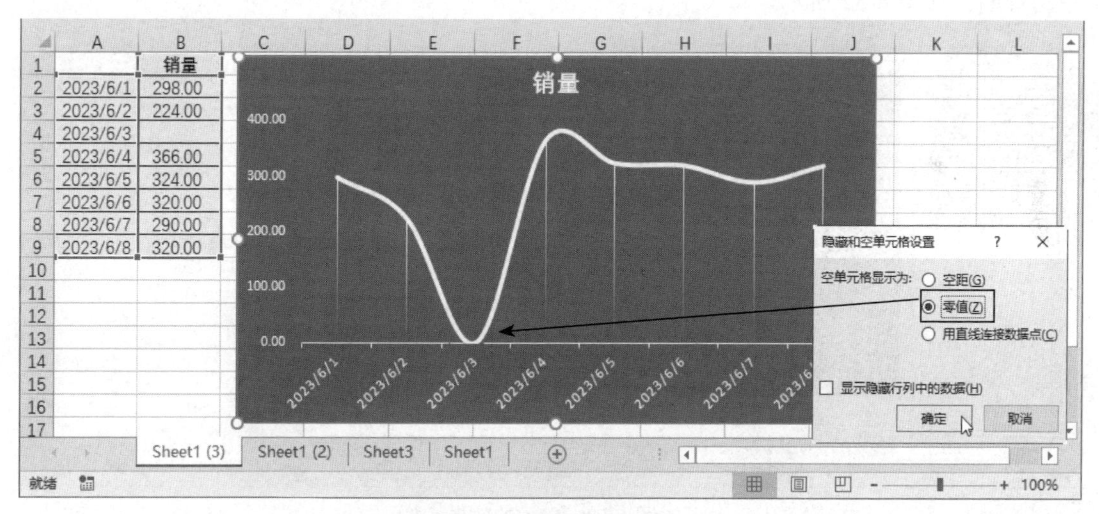

图 6-50　用零值代替空值

4. 解决坐标轴自动显示的日期问题

当横坐标轴为日期时，创建图表默认将以连续的日期显示，即若数据表格中没有该日期，在图表中也会显示。

例如，数据表中没有显示“2023/6/3”的数据，但是在图表的横坐标轴中显示该日期，如图 6-51 所示。

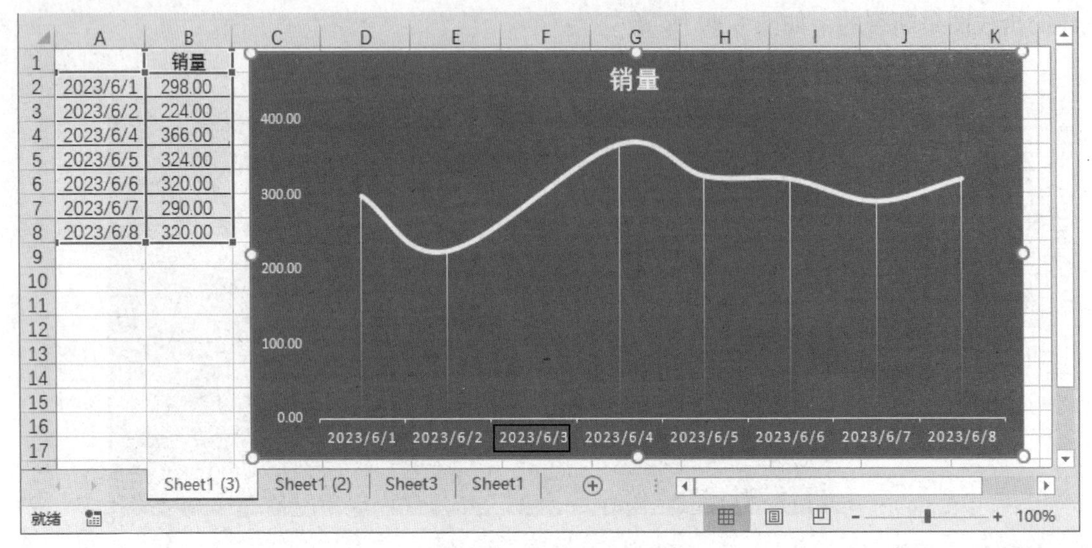

图 6-51　显示连续的日期

解决该问题的方法很简单，只需要将横坐标轴以文本显示即可，下面介绍具体操作方法。

（1）在图表中选择横坐标轴并右击，在快捷菜单中选择“设置坐标轴格式”命令，打开“设置坐标轴格式”导航窗格。

（2）在“坐标轴选项”区域中选中“文本坐标轴（T）”单选按钮，即可只显示数据表中的日期，如图 6-52 所示。

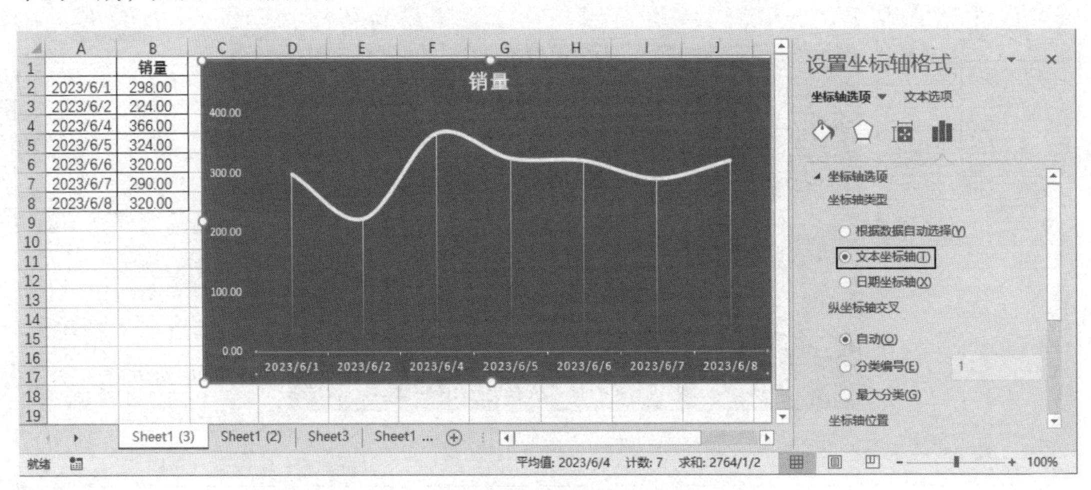

图 6-52　显示的效果

实验 6　数据管理与数据分析实验

【实验目的】

（1）掌握合并计算的方法。

（2）掌握分类汇总的方法。

（3）掌握单变量求解的方法。

（4）掌握数据透视表。

【知识要求】

掌握 Excel 2016 中数据处理相关内容。

【实验内容与操作步骤】

1. 根据地区汇总数据

（1）打开“销售统计表.xlsx”工作簿，新建“按地区统计”工作表，将光标定位在A1单元格。切换至“数据”选项卡，单击“数据工具”选项组中“合并计算”按钮。

（2）打开“合并计算”对话框，单击“引用位置”右侧的折叠按钮，返回工作表中，切换至“各地区销售统计表”工作表，选择B1：G17单元格区域。

（3）返回“合并计算”对话框，要“引用位置”中显示选中的单元格区域，单击“添加”按钮即可将之添加到“所有引用位置”中。勾选“首行（T）”和“最左列（L）”复选框，单击“确定”按钮，如图6-53所示。

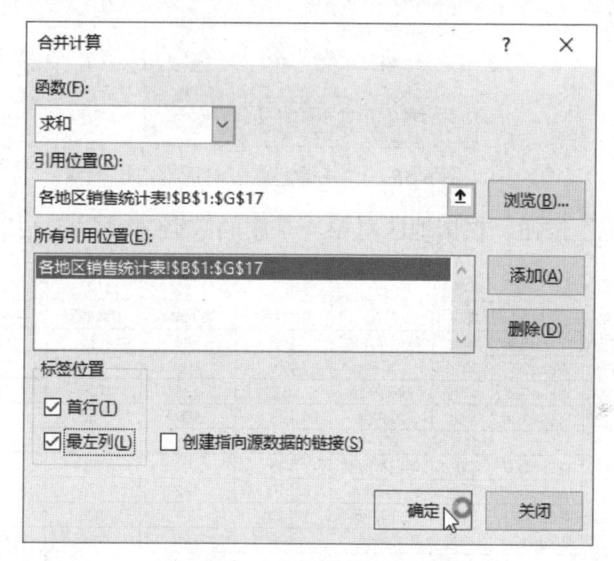

图6-53 “合并计算”对话框

（4）返回工作表，删除多余的数据，对表格进行美化，添加边框、设置文本格式等，如图6-54所示。

	A	B	C	D	E
1	地区	第1季度	第2季度	第3季度	第4季度
2	华东	572	569	589	523
3	华南	480	539	693	583
4	华北	488	466	624	442
5	华中	600	675	541	534

图6-54 按地区统计数据

2. 根据地区对第4季度销量进行汇总

（1）复制“各地区销售统计表”工作表，将光标定位在“地区”列任意单元格中，切换至“数据”选项卡，单击“排序和筛选”选项组中“升序”按钮。

（2）再单击“分级显示”选项组中“分类汇总”按钮。

（3）打开“分类汇总”对话框，设置分类字段为“地区”，在“选定汇总项”列表框中勾选“第 4 季度”复选框，单击“确定”按钮，如图 6-55 所示。

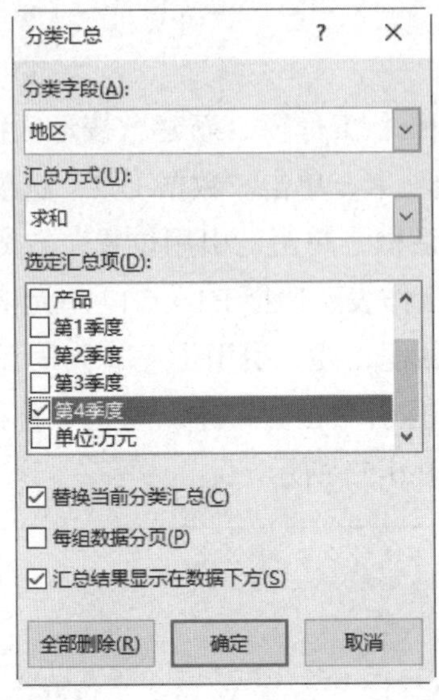

图 6-55　“分类汇总”对话框

（4）单击“确定”按钮，根据地区对第 4 季度的数据进行汇总，如图 6-56 所示。

	A	B	C	D	E	F	G
1	序号	地区	产品	第1季度	第2季度	第3季度	第4季度
2	WLan168	华北	笔记本电脑	103	120	126	116
3	WLan083	华北	手机	179	109	161	106
4	WLan065	华北	数码产品	83	136	180	92
5	WLan120	华北	台式机	123	101	157	128
6		华北 汇总					442
7	WLan007	华东	笔记本电脑	185	104	88	88
8	WLan096	华东	手机	110	192	174	197
9	WLan023	华东	数码产品	104	81	128	119
10	WLan124	华东	台式机	173	192	199	119
11		华东 汇总					523
12	WLan139	华南	笔记本电脑	95	174	161	96
13	WLan026	华南	手机	121	85	192	164
14	WLan165	华南	数码产品	99	137	151	194
15	WLan200	华南	台式机	165	143	189	129
16		华南 汇总					583
17	WLan161	华中	笔记本电脑	109	200	111	142
18	WLan189	华中	手机	200	146	170	154
19	WLan155	华中	数码产品	93	132	124	92
20	WLan192	华中	台式机	198	197	136	146
21		华中 汇总					534
22		总计					2082

图 6-56　分类汇总的结果

3. 使用数据透视表分析数据

（1）切换至“各地区销售统计表”工作表，将光标定位在表格中，切换至“插入”选项卡，单击“表格”选项组中“数据透视表”按钮。

（2）打开“创建数据透视表”对话框，保持各参数不变并单击“确定”按钮。

（3）返回工作表中可见新创建空白的数据透视表，同时打开“数据透视表字段”导航窗格。

（4）在“数据透视表字段”导航窗格中将“地区”拖至“行”区域，“第 4 季度”拖至“值”区域，将“产品”拖至“筛选”区域，如图 6-57 所示。

图 6-57 添加字段

（5）将“第 4 季度”再次拖至“值”区域，将光标定位在“求和项 : 第 4 季度 2”列中，切换至“数据透视表 - 分析”选项卡，单击“活动字段”选项组中“字段设置”按钮。

（6）打开“值字段设置”对话框，在“自定义名称”文本框中输入“百分比 : 第 4 季度”，切换至“值显示方式”选项卡，设置“值显示方式”为“列汇总的百分比”，单击“确定”按钮，如图 6-58 所示。

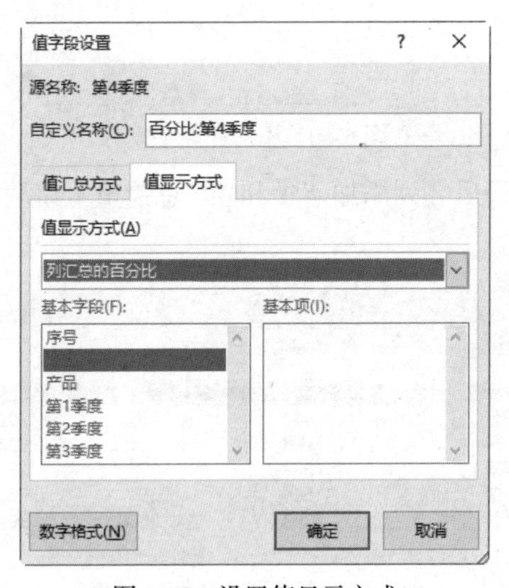

图 6-58 设置值显示方式

（7）可见该列数据以百分比显示，如图 6-59 所示。

	A	B	C
1	产品	(全部)	
2			
3	行标签	求和项:第4季度	百分比:第4季度
4	华北	442	21.23%
5	华东	523	25.12%
6	华南	583	28.00%
7	华中	534	25.65%
8	总计	2082	100.00%
9			

图 6-59　查看效果

4. 在数据透视表中添加计算字段

创建数据透视表完成后将无法手动更改或移动数据，因此如有更改需求可通过“计算字段”添加计算字段并设置运算。

（1）将光标定位在数据透视表中任意单元格中，切换至“数据透视表 - 分析”选项卡，单击“计算”选项组中“字段、项目和集”按钮，在下拉列表框中选择“计算字段”选项。

（2）打开“插入计算字段”对话框，在“名称”文本框中输入“总销量”，光标定位在“公式”文本框中等号右侧，在“字段”列表中选“第 1 季度”，单击“插入字段”按钮，再输入“+”，根据相同的方法将 4 个季度字段都插入到公式中，单击“添加（A）”按钮，如图 6-60 所示。

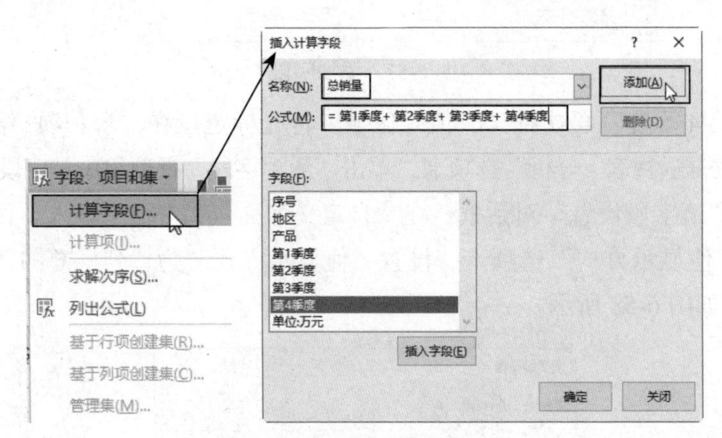

图.6-60　添加计算字段

（3）在数据透视表中最后一列添加“求和项 : 总销量”字段，并计算出 4 个季度销量之和，如图 6-61 所示。

	A	B	C	D
1	产品	(全部)		
2				
3	行标签	求和项:第4季度	百分比:第4季度	求和项:总销量
4	华北	442	21.23%	2020
5	华东	523	25.12%	2253
6	华南	583	28.00%	2295
7	华中	534	25.65%	2350
8	总计	2082	100.00%	8918
9				

图 6-61　添加计算字段的效果

5. 创建多角度动态的数据透视表和数据透视图

在数据透视表中添加切片器默认只能筛选其对应的数据，如果想让一个切片器控制多张数据透视表和数据透视图，则需要链接切片器。

（1）切换至“各地区销售统计表”工作表，在新的工作表中创建数据透视表和数据透视图。

（2）在“各地区销售统计表”工作表中再次创建数据透视表和数据透视图，在“创建数据透视表”对话框中选中“现有工作表（E）”单选按钮，在刚创建数据透视表的工作表中选择合适的位置，单击“确定”按钮，如图6-62所示。还可以创建数据透视表，此处以两张数据透视表为例。

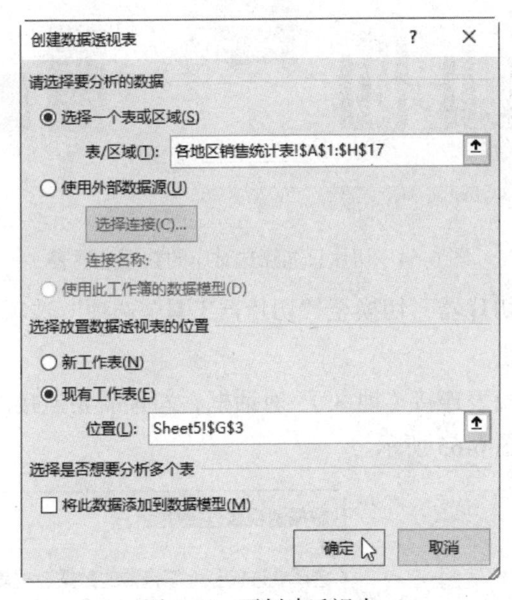

图6-62　再创建透视表

（3）在工作表中包含两张数据透视表和数据透视图，在“数据透视图工具-设计”选项卡中对工作表适当进行美化，如图6-63所示。

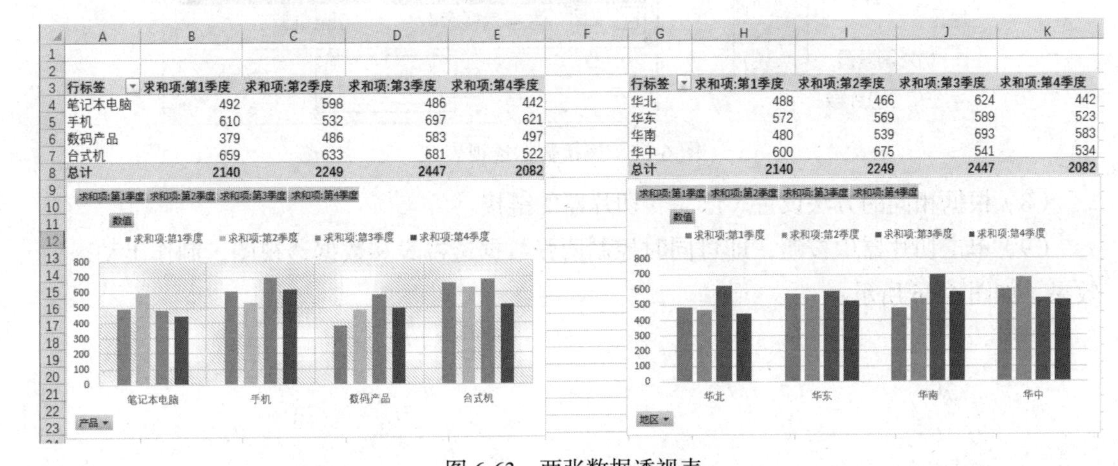

行标签	求和项:第1季度	求和项:第2季度	求和项:第3季度	求和项:第4季度
笔记本电脑	492	598	486	442
手机	610	532	697	621
数码产品	379	486	583	497
台式机	659	633	681	522
总计	2140	2249	2447	2082

行标签	求和项:第1季度	求和项:第2季度	求和项:第3季度	求和项:第4季度
华北	488	466	624	442
华东	572	569	589	523
华南	480	539	693	583
华中	600	675	541	534
总计	2140	2249	2447	2082

图6-63　两张数据透视表

（4）为任意一张数据透视表添加“地区”和“产品”切片器，例如，为右侧数据透视表添加切片器，调整切片器的大小和位置，应用切片器样式。

（5）单击切片器的按钮时，只能筛选对应的数据透视表和数据透视图，如图 6-64 所示。

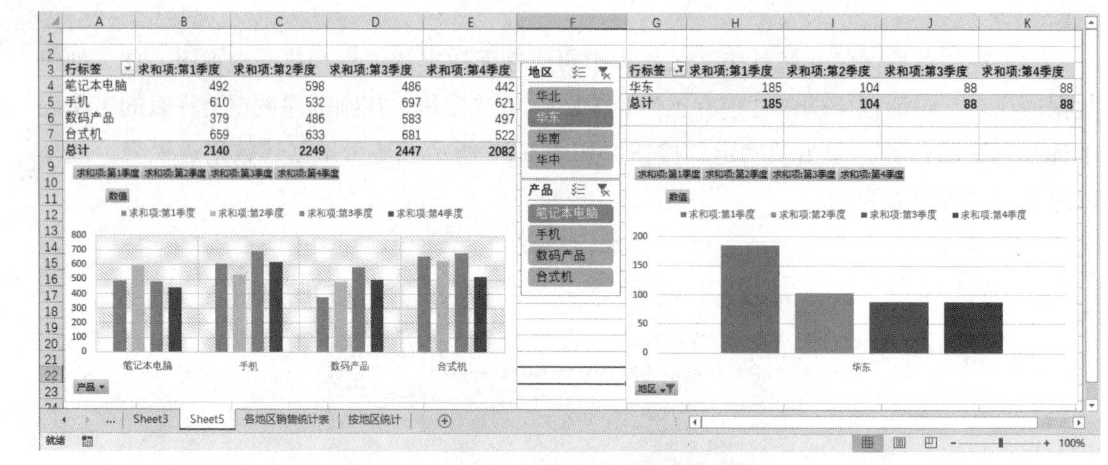

图 6-64　切片只能筛选对应的数据透视表

（6）选择“地区”切片器，切换至“切片器工具 - 选项”选项卡，单击“切片器”选项组中“报表连接”按钮。

（7）打开“数据透视表连接（地区）”对话框，勾选需要连接的数据透视表筛复选框，单击“确定”按钮，如图 6-65 所示。

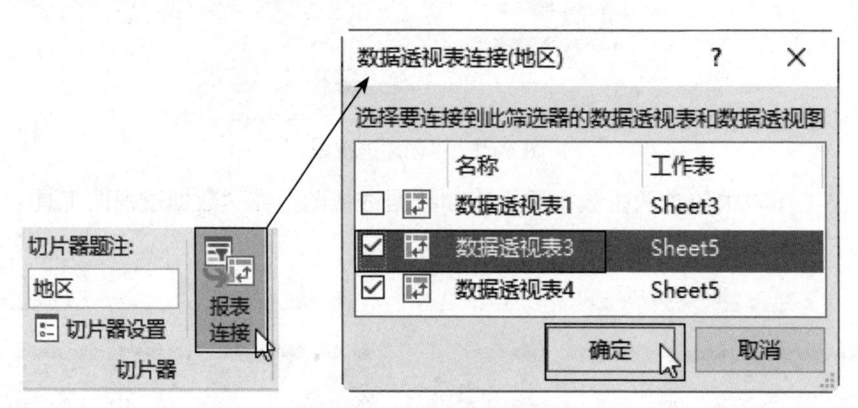

图 6-65　连接数据透视表

（8）根据相同的方法设置“产品”切片器的链接。

（9）单击切片器中按钮，即可同时控制两张数据透视表和数据透视图，制作出动态的效果，如图 6-66 所示。

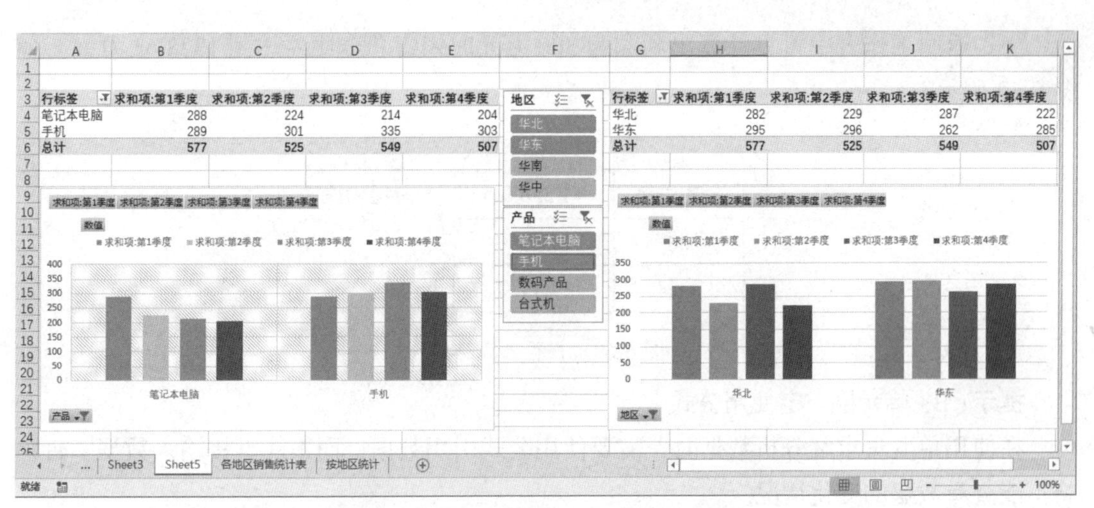

图 6-66 动态数据透视表和数据透视图

6. 使用单变量求解计算目标销售金额

根据统计各地区当年的销售金额及利润率可以对次年的销售计划进行预测。例如，预计当年的利润为300万元，根据利润率为22.58%，计算明年需要达到的销售金额。

（1）新建工作表，完善表格，B1单元格中的值为今年销售总额；B2单元格中为利润率。

（2）在B3单元格中输入“=B1*B2”公式，计算当年的利润，如图6-67所示。

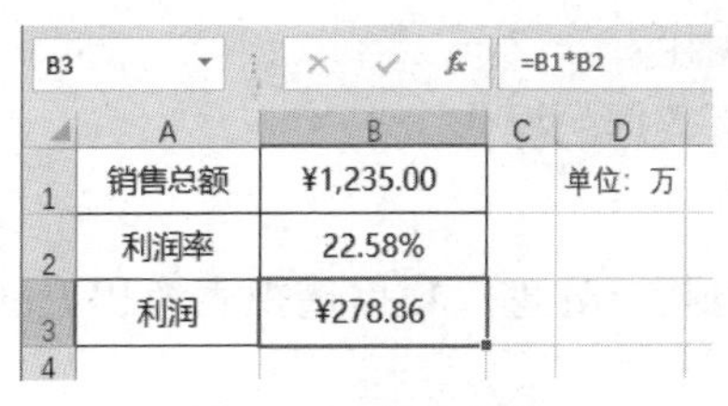

图 6-67 完善表格

（3）切换至“数据”选项卡，单击“预测”选项组中“模拟分析”按钮，在下拉列表框中选择“单变量求解”选项。

（4）打开“单变量求解”对话框，设置“目标单元格”为“B3”，“目标值”为300，“可变单元格”为“$B$1”。

（5）单击“确定”按钮，Excel根据设置的数据进行计算，得出结果后，单击“确定”按钮，如图6-68所示。

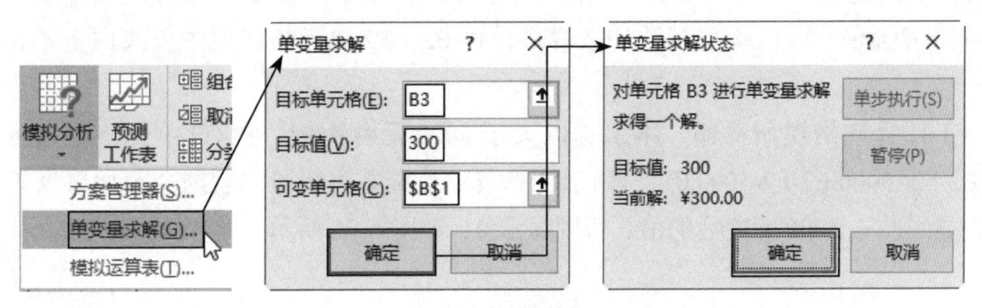

图 6-68 计算数据

（6）返回工作表中可见计算出利润为 300 万元时销售总金额要达到 1328.61 万元，如图 6-69 所示。

	A	B	C	D
1	销售总额	¥1,328.61		单位：万元
2	利润率	22.58%		
3	利润	¥300.00		

图 6-69　查看计算结果

提示：B3 单元格一定使用公式

在使用单变量求解分析数据时，需要使用公式引用数据，而不能直接输入数据，否则将不能查看数据的变化情况。

实验 7　综合分析员工基本工资表

【实验目的】

（1）掌握 SUM() 函数的应用技巧。

（2）掌握 IF() 函数的应用技巧。

（3）掌握 VLOOKUP() 函数的应用技巧。

（4）掌握数据分析基本操作。

（5）掌握数据透视表分析数据的操作。

【知识要求】

掌握 Excel 2016 中数据分析、处理、数据透视表及相关函数的应用。

【实验内容与操作步骤】

1. 计算工资表中数据

（1）打开“员工基本工资表 .xlsx”工作簿，切换至“基本工资表”工作表，在 J2 单元格中输入“=SUM(G2:I2)”公式，按 Enter 键确认计算员工的总工资。

（2）将公式向下填充至 J21 单元格，此时，公式和单元格的格式都会向下填充。单击“自动填充选项”按钮，在下拉列表框中选择“不带格式填充”选项，此时只填充公式，如图 6-70 所示。

（3）切换至“个人所得税表”工作表，在 E2 单元格中输入“= 基本工资表 !J2”，在 F2 单元格中输入“= 保险福利统计表 !J2”，将 E2：F2 单元格区域中公式向下不带格式填充。

（4）计算应纳税所得额，本示例以大于 5000 元者为例。在 G2 单元格中输入公式“=IF(E2-F2>5000,E2-F2-5000,0)”，用于计算员工工资减去保险之后的金额如果大于 5000 元，则显示减去 5000 元之后的值，否则显示 0，如图 6-71 所示。

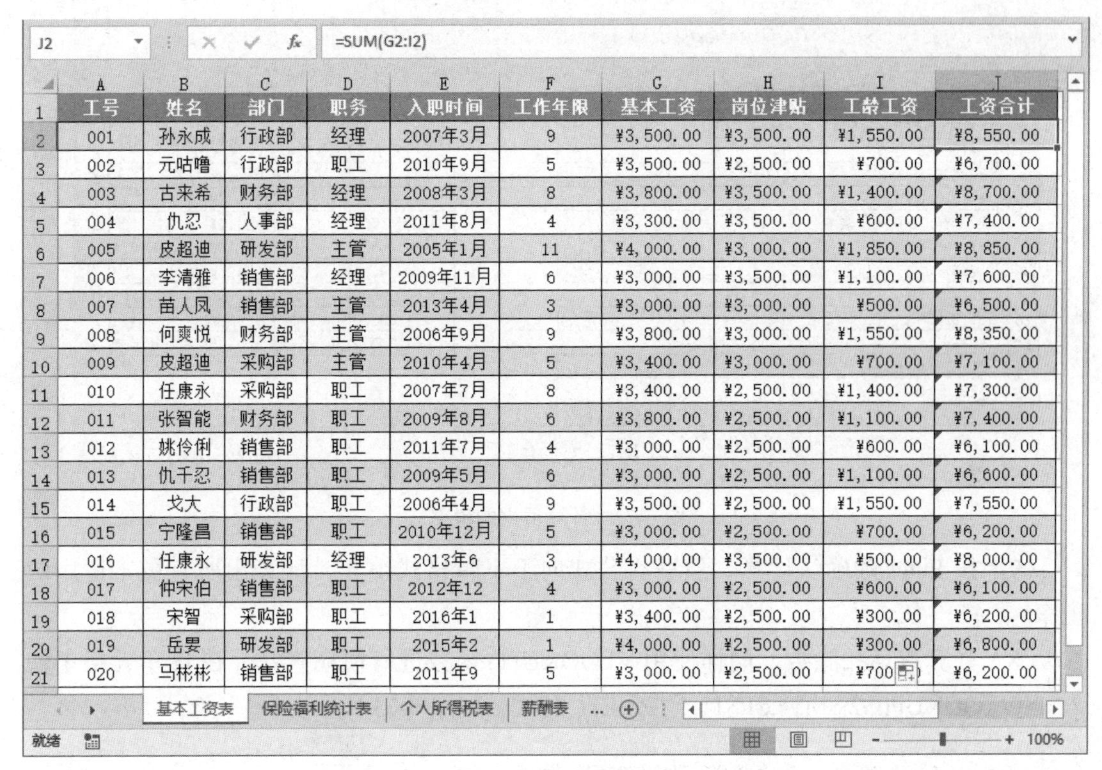

J2 =SUM(G2:I2)

	A	B	C	D	E	F	G	H	I	J
1	工号	姓名	部门	职务	入职时间	工作年限	基本工资	岗位津贴	工龄工资	工资合计
2	001	孙永成	行政部	经理	2007年3月	9	¥3,500.00	¥3,500.00	¥1,550.00	¥8,550.00
3	002	元咕噜	行政部	职工	2010年9月	5	¥3,500.00	¥2,500.00	¥700.00	¥6,700.00
4	003	古来希	财务部	经理	2008年3月	8	¥3,800.00	¥3,500.00	¥1,400.00	¥8,700.00
5	004	仇忍	人事部	经理	2011年8月	4	¥3,300.00	¥3,500.00	¥600.00	¥7,400.00
6	005	皮超迪	研发部	主管	2005年1月	11	¥4,000.00	¥3,000.00	¥1,850.00	¥8,850.00
7	006	李清雅	销售部	经理	2009年11月	6	¥3,000.00	¥3,500.00	¥1,100.00	¥7,600.00
8	007	苗人凤	销售部	主管	2013年4月	3	¥3,000.00	¥3,000.00	¥500.00	¥6,500.00
9	008	何爽悦	财务部	主管	2006年9月	9	¥3,800.00	¥3,000.00	¥1,550.00	¥8,350.00
10	009	皮超迪	采购部	主管	2010年4月	5	¥3,400.00	¥3,000.00	¥700.00	¥7,100.00
11	010	任康永	采购部	职工	2007年7月	8	¥3,400.00	¥2,500.00	¥1,400.00	¥7,300.00
12	011	张智能	财务部	职工	2009年8月	6	¥3,800.00	¥2,500.00	¥1,100.00	¥7,400.00
13	012	姚伶俐	销售部	职工	2011年7月	4	¥3,000.00	¥2,500.00	¥600.00	¥6,100.00
14	013	仇千忍	销售部	职工	2009年5月	6	¥3,000.00	¥2,500.00	¥1,100.00	¥6,600.00
15	014	戈大	行政部	职工	2006年4月	9	¥3,500.00	¥2,500.00	¥1,550.00	¥7,550.00
16	015	宁隆昌	销售部	职工	2010年12月	5	¥3,000.00	¥2,500.00	¥700.00	¥6,200.00
17	016	任康永	研发部	经理	2013年6	3	¥4,000.00	¥3,500.00	¥500.00	¥8,000.00
18	017	仲宋伯	销售部	职工	2012年12	4	¥3,000.00	¥2,500.00	¥600.00	¥6,100.00
19	018	宋智	采购部	职工	2016年1	1	¥3,400.00	¥2,500.00	¥300.00	¥6,200.00
20	019	岳霎	研发部	职工	2015年2	1	¥4,000.00	¥2,500.00	¥300.00	¥6,800.00
21	020	马彬彬	销售部	职工	2011年9	5	¥3,000.00	¥2,500.00	¥700	¥6,200.00

基本工资表 | 保险福利统计表 | 个人所得税表 | 薪酬表 | ...

就绪 100%

图 6-70 计算总工资

MID =IF(E2-F2>5000,E2-F2-5000,0)

	A	B	C	D	E	F	G	H	I	J
1	工号	姓名	部门	职务	工资合计	三险一金	应纳税所得额	适用税率	速算扣除数	个人所得税
2	001	孙永成	行政部	经理	¥8,550.00		=IF(E2-F2>5000,E2-F2-5000,0)			
3	002	元咕噜	行政部	职工	¥6,700.00	¥971.50				
4	003	古来希	财务部	经理	¥8,700.00	¥1,261.50				
5	004	仇忍	人事部	经理	¥7,400.00	¥1,073.00				
6	005	皮超迪	研发部	主管	¥8,850.00	¥1,283.25				
7	006	李清雅	销售部	经理	¥7,600.00	¥1,102.00				
8	007	苗人凤	销售部	主管	¥6,500.00	¥942.50				
9	008	何爽悦	财务部	主管	¥8,350.00	¥1,210.75				
10	009	皮超迪	采购部	主管	¥7,100.00	¥1,029.50				
11	010	任康永	采购部	职工	¥7,300.00	¥1,058.50				
12	011	张智能	财务部	职工	¥7,400.00	¥1,073.00				
13	012	姚伶俐	销售部	职工	¥6,100.00	¥884.50				
14	013	仇千忍	销售部	职工	¥6,600.00	¥957.00				

基本工资表 | 保险福利统计表 | 个人所得税表 | 薪酬表 | ...

编辑 100%

图 6-71 计算应用纳税的金额

（5）将 G2 单元格中公式向下不带格式填充，计算出所有员工的应纳税金额。

（6）根据 M4：P11 单元格区域计算适用的税率，此时需要注意，使用 VLOOKUP() 函数时，是模糊查找。在 H2 单元格中输入“=VLOOKUP(G2,$M$4:$P$11,3,TRUE)”公式，如图 6-72 所示。

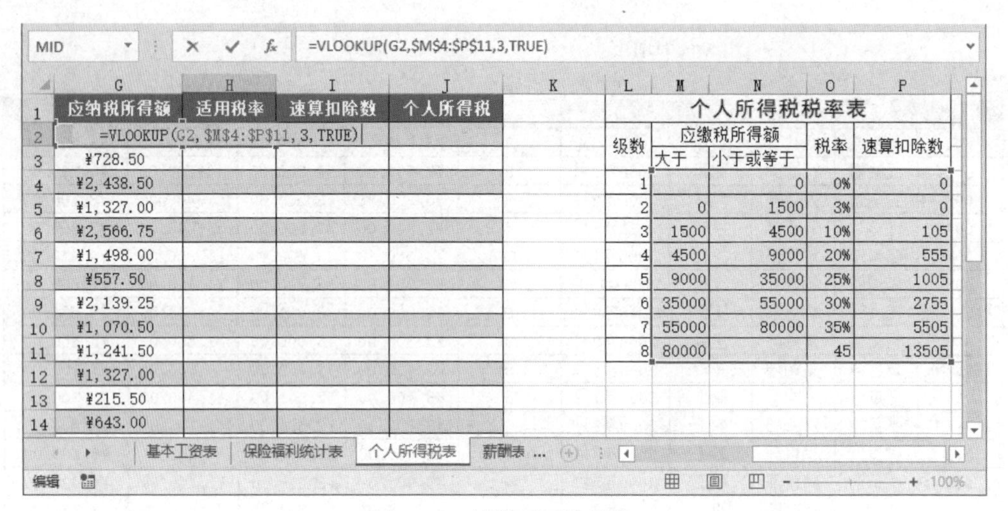

图 6-72　计算适用的税率

（7）按 Enter 键确认计算，然后将公式向下不带格式填充，计算出所有员工适用的税率。

（8）计算速算扣除数。同样使用 VLOOKUP() 函数进行模糊查找。在 I2 单元格中输入“=VLOOKUP(G2,$M$4:$P$11,4,TRUE)”公式，如图 6-73 所示。

图 6-73　计算速算扣除数

（9）计算个人所得税。在 J2 单元格中输入“=G2*H2-I2”公式，按 Enter 键，并将公式向下填充即可计算出所有员工的个人所得税。

（10）根据公式计算出“薪酬表”工作表中相关数据。

2. 对数据进行排序

接下来在“基本工资表”工作表中根据部门升序排序，相同部分按工作年限升序排列。

（1）将光标定位在“基本工资表”工作表的数据区域，切换至“数据”选项卡，单击“排序和筛选”选项组中“排序”按钮。

（2）打开“排序”对话框，设置“主要关键字”为“部门”，升序排序，单击“添加条件”按钮。

（3）设置“次要关键字”为“工作年限”，升序排序，单击“确定”按钮，如图 6-74 所示。

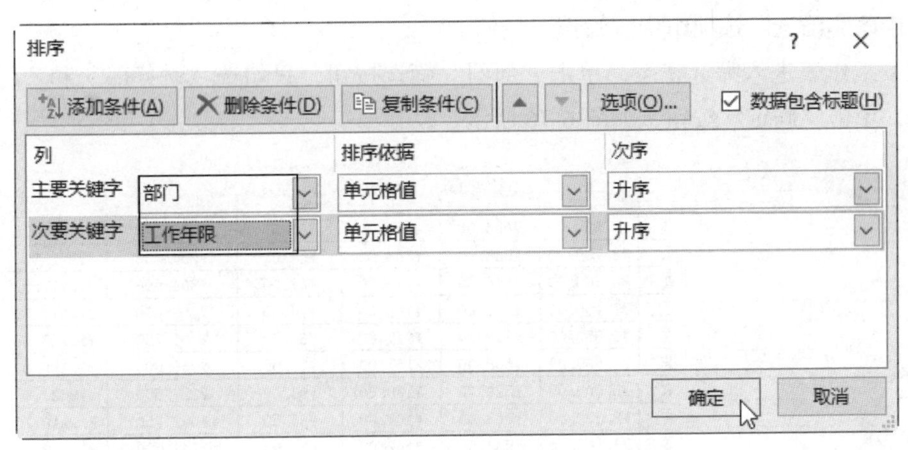

图 6-74　设置排序

（4）返回工作表中，可以清楚地查看按部门进行排序，并且相同部门按年限排序的数据，如图 6-75 所示。

	A	B	C	D	E	F	G	H	I	J
1	工号	姓名	部门	职务	入职时间	工作年限	基本工资	岗位津贴	工龄工资	工资合计
2	011	张智能	财务部	职工	2009年8月	6	¥3,800.00	¥2,500.00	¥1,100.00	¥7,400.00
3	003	古来希	财务部	经理	2008年3月	8	¥3,800.00	¥3,500.00	¥1,400.00	¥8,700.00
4	008	何爽悦	财务部	主管	2006年9月	9	¥3,800.00	¥3,000.00	¥1,550.00	¥8,350.00
5	018	宋智	采购部	职工	2016年1	1	¥3,400.00	¥2,500.00	¥300.00	¥6,200.00
6	009	皮超迪	采购部	主管	2010年4月	5	¥3,400.00	¥3,000.00	¥700.00	¥7,100.00
7	010	任康永	采购部	职工	2007年7月	8	¥3,400.00	¥2,500.00	¥1,400.00	¥7,300.00
8	004	仇忍	人事部	经理	2011年8月	4	¥3,300.00	¥3,500.00	¥600.00	¥7,400.00
9	007	苗人凤	销售部	主管	2013年4月	3	¥3,000.00	¥3,000.00	¥500.00	¥6,500.00
10	012	姚伶俐	销售部	职工	2011年7月	4	¥3,000.00	¥2,500.00	¥600.00	¥6,100.00
11	017	仲宋伯	销售部	职工	2012年12	4	¥3,000.00	¥2,500.00	¥600.00	¥6,100.00
12	015	宁隆昌	销售部	职工	2010年12月	5	¥3,000.00	¥2,500.00	¥700.00	¥6,200.00
13	020	马彬彬	销售部	职工	2011年9	5	¥3,000.00	¥2,500.00	¥700.00	¥6,200.00
14	006	李清雅	销售部	经理	2009年11月	6	¥3,000.00	¥3,500.00	¥1,100.00	¥7,600.00
15	013	仇千忍	销售部	职工	2009年5月	6	¥3,000.00	¥2,500.00	¥1,100.00	¥6,600.00
16	002	元咕噜	行政部	职工	2010年9月	5	¥3,500.00	¥2,500.00	¥700.00	¥6,700.00
17	001	孙永成	行政部	经理	2007年3月	9	¥3,500.00	¥3,500.00	¥1,550.00	¥8,550.00
18	014	戈大	行政部	职工	2006年4月	9	¥3,500.00	¥2,500.00	¥1,550.00	¥7,550.00
19	019	岳要	研发部	职工	2015年2	1	¥4,000.00	¥2,500.00	¥300.00	¥6,800.00
20	016	任康永	研发部	经理	2013年6	3	¥4,000.00	¥3,500.00	¥500.00	¥8,000.00
21	005	皮超迪	研发部	主管	2005年1月	11	¥4,000.00	¥3,000.00	¥1,850.00	¥8,850.00

基本工资表　保险福利统计表　个人所得税表　薪酬表

就绪　100%

图 6-75　排序的结果

提示：排序后“序号”列不变

当对数据进行排序时，序号列中的数字顺序也随之变化了。如果想让序号不参与排序，首先在序号右侧插入空白列，对数据进行排序后，再删除空白列即可。

3. 筛选数据

接下来在“保险福利统计表”工作表中复选出“财务部”和“行政部”职工中保险总金额大于或等于1000元的数据。

（1）切换至“保险福利统计表”工作表，将光标定位在数据区域，单击“数据”选项卡下“排序和筛选”选项组中“筛选”按钮。

（2）工作表进入筛选状态，单击“部门”筛选按钮，只勾选“财务部”和“行政部”复选框，单击“确定”按钮，如图6-76所示。

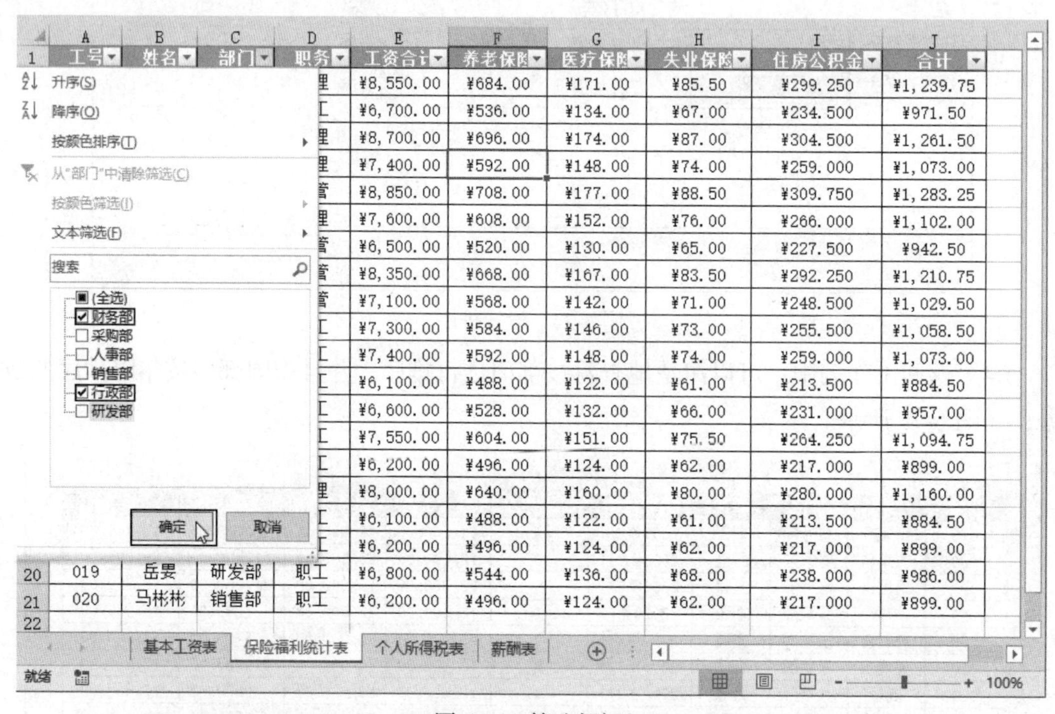

图6-76　筛选部门

（3）单击“合计”筛选按钮，在列表中选择“数字筛选 > 大于或等于”选项。

（4）打开“自定义自动筛选方式”对话框，在“大于或等于”的右侧输入1000，单击“确定”按钮，如图6-77所示。

图6-77　筛选合计

（5）返回工作表中查看筛选的数据，如图 6-78 所示。

	工号	姓名	部门	职务	工资合计	养老保	医疗保	失业保	住房公积金	合计
2	001	孙永成	行政部	经理	¥8,550.00	¥684.00	¥171.00	¥85.50	¥299.250	¥1,239.75
4	003	古来希	财务部	经理	¥8,700.00	¥696.00	¥174.00	¥87.00	¥304.500	¥1,261.50
9	008	何爽悦	财务部	主管	¥8,350.00	¥668.00	¥167.00	¥83.50	¥292.250	¥1,210.75
12	011	张智能	财务部	职工	¥7,400.00	¥592.00	¥148.00	¥74.00	¥259.000	¥1,073.00
15	014	戈大	行政部	职工	¥7,550.00	¥604.00	¥151.00	¥75.50	¥264.250	¥1,094.75

保险福利统计表 个人所得税表 薪酬表

就绪 "筛选"模式 100%

图 6-78 查看筛选结果

（6）对数据进行筛选后，第 1 列的序号不再连续，在 A2 单元格中输入“=SUBTOTAL(3,$B$1:B2)-1”公式，按 Enter 键执行计算，并将公式向下填充。之后无论如何筛选数据，序号会自动连续显示，如图 6-79 所示。

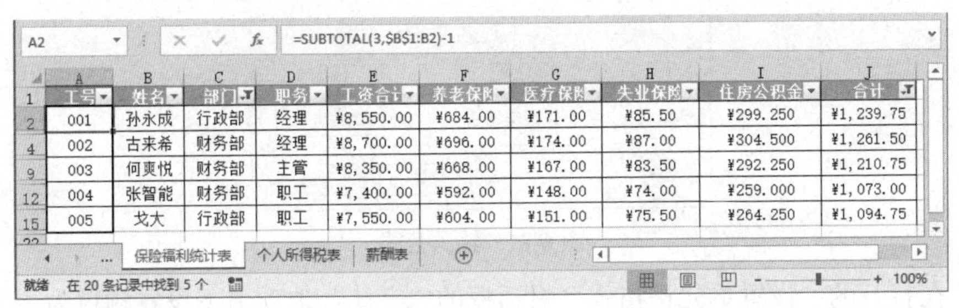

A2 =SUBTOTAL(3,$B$1:B2)-1

	工号	姓名	部门	职务	工资合计	养老保	医疗保	失业保	住房公积金	合计
2	001	孙永成	行政部	经理	¥8,550.00	¥684.00	¥171.00	¥85.50	¥299.250	¥1,239.75
4	002	古来希	财务部	经理	¥8,700.00	¥696.00	¥174.00	¥87.00	¥304.500	¥1,261.50
9	003	何爽悦	财务部	主管	¥8,350.00	¥668.00	¥167.00	¥83.50	¥292.250	¥1,210.75
12	004	张智能	财务部	职工	¥7,400.00	¥592.00	¥148.00	¥74.00	¥259.000	¥1,073.00
15	005	戈大	行政部	职工	¥7,550.00	¥604.00	¥151.00	¥75.50	¥264.250	¥1,094.75

保险福利统计表 个人所得税表 薪酬表

就绪 在 20 条记录中找到 5 个 100%

图 6-79 序号连续

4. 使用数据条显示个人所得税大于等于 100 元的数据

（1）切换至“个人所得税表”工作表，选择 J2 : J21 单元格区域，切换至“开始”选项卡，单击“样式”选项组中“条件格式”按钮，在下拉列表框中选择“数据条（D）”→“其他规则（M）”选项，如图 6-80 所示。

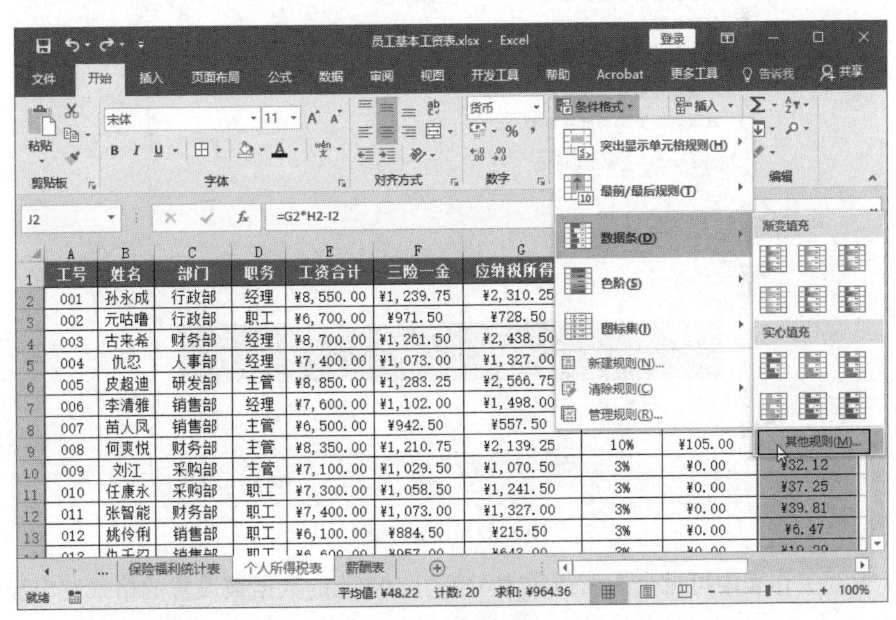

图 6-80 选择“其他规则”选项

（2）打开“新建格式规则”对话框，在“选择规则类型（S）”列表中选择“使用公式确定要设置格式的单元格”。在“为符合此公式的值设置格式”文本框中输入“=J2>=100”公式，单击“格式（F）”按钮，如图 6-81 所示。

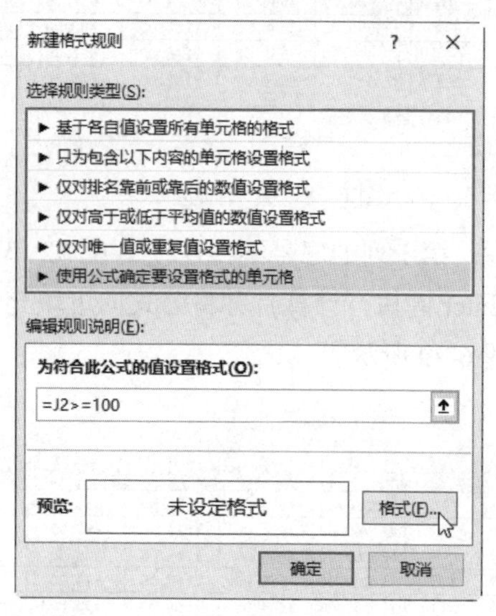

图 6-81　输入公式

（3）在打开的“设置单元格格式”对话框的“字体”选项卡下设置颜色为白色，并加粗显示；在“填充”选项卡下设置背景颜色为深青色，单击“确定”按钮，如图 6-82 所示。

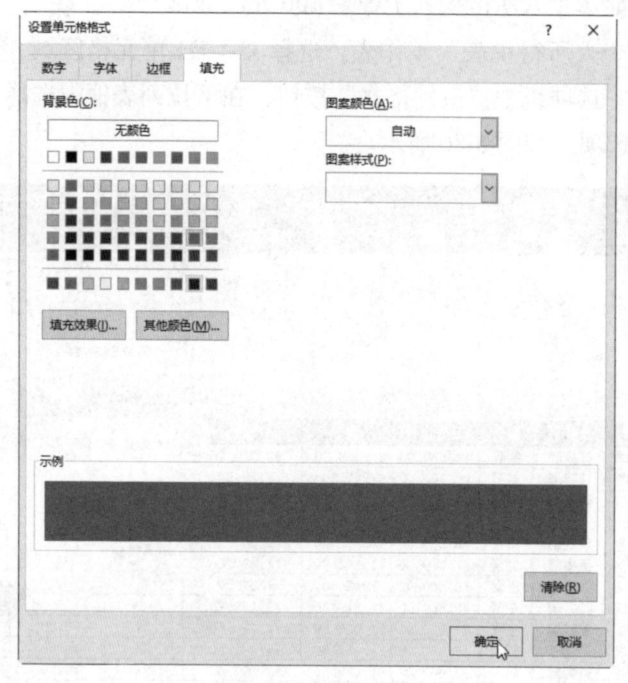

图 6-82　设置格式

（4）返回工作表中可见个人所得税大于等于 100 元的数据被设置的格式突出显示，如图 6-83 所示。

工号	姓名	部门	职务	工资合计	三险一金	应纳税所得额	适用税率	速算扣除数	个人所得税
001	孙永成	行政部	经理	¥8,550.00	¥1,239.75	¥2,310.25	10%	¥105.00	¥126.03
002	元咕噜	行政部	职工	¥6,700.00	¥971.50	¥728.50	3%	¥0.00	¥21.86
003	古来希	财务部	经理	¥8,700.00	¥1,261.50	¥2,438.50	10%	¥105.00	¥138.85
004	仇忍	人事部	经理	¥7,400.00	¥1,073.00	¥1,327.00	3%	¥0.00	¥39.81
005	皮超迪	研发部	主管	¥8,850.00	¥1,283.25	¥2,566.75	10%	¥105.00	¥151.68
006	李清雅	销售部	经理	¥7,600.00	¥1,102.00	¥1,498.00	3%	¥0.00	¥44.94
007	苗人凤	销售部	主管	¥6,500.00	¥942.50	¥557.50	3%	¥0.00	¥16.73
008	何爽悦	财务部	主管	¥8,350.00	¥1,210.75	¥2,139.25	10%	¥105.00	¥108.93
009	刘江	采购部	主管	¥7,100.00	¥1,029.50	¥1,070.50	3%	¥0.00	¥32.12
010	任康永	采购部	职工	¥7,300.00	¥1,058.50	¥1,241.50	3%	¥0.00	¥37.25
011	张智能	财务部	职工	¥7,400.00	¥1,073.00	¥1,327.00	3%	¥0.00	¥39.81
012	姚伶俐	销售部	职工	¥6,100.00	¥884.50	¥215.50	3%	¥0.00	¥6.47
013	仇千忍	销售部	职工	¥6,600.00	¥957.00	¥643.00	3%	¥0.00	¥19.29
014	戈大	行政部	职工	¥7,550.00	¥1,094.75	¥1,455.25	3%	¥0.00	¥43.66
015	宁隆昌	销售部	职工	¥6,200.00	¥899.00	¥301.00	3%	¥0.00	¥9.03
016	任康永	研发部	经理	¥8,000.00	¥1,160.00	¥1,840.00	10%	¥105.00	¥79.00
017	仲宋伯	销售部	职工	¥6,100.00	¥884.50	¥215.50	3%	¥0.00	¥6.47
018	宋智	采购部	职工	¥6,200.00	¥899.00	¥301.00	3%	¥0.00	¥9.03
019	岳要	研发部	职工	¥6,800.00	¥986.00	¥814.00	3%	¥0.00	¥24.42
020	马彬彬	销售部	职工	¥6,200.00	¥899.00	¥301.00	3%	¥0.00	¥9.03

图 6-83 查看数据条的效果

5. 根据部门分类汇总实发工资

在“薪酬表”工作表中根据“部门”分类汇总，求实发工资平均值。

（1）切换至“薪酬表”工作表，将光标定位在“部门”列任意位置，切换至“数据”选项卡，单击“排序和筛选”选项组中“升序”按钮。

（2）单击“分组显示”选项组中“分类汇总”按钮。

（3）打开“分类汇总”对话框，设置“分类字段（A）”为“部门”，“汇总方式（U）”为“平均值”，勾选“选定汇总项（D）”列表框“实发工资”复选框，勾选“每组数据分页（P）”复选框，单击“确定”按钮，如图 6-84 所示。

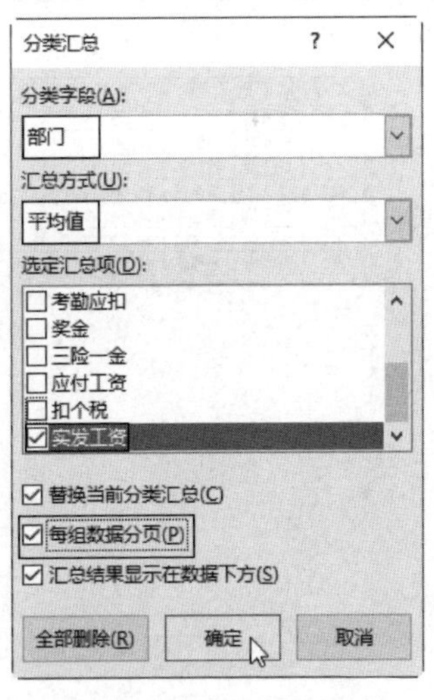

图 6-84 设置分类汇总

（4）完成以上步骤，即可对薪酬表中按部门分类汇总，并统计实发工资的平均值。

（5）需要打印时，各部门的数据会分别打印在不同的页面中，为了使每页都显示标题行，还需要进行设置。切换至“页面布局”选项卡，单击“页面设置”选项组中“打印标题”按钮。

（6）打开“页面设置”对话框，在“工作表”选项卡中设置“顶端标题行（R）”为“$1:$1”，如图 6-85 所示。

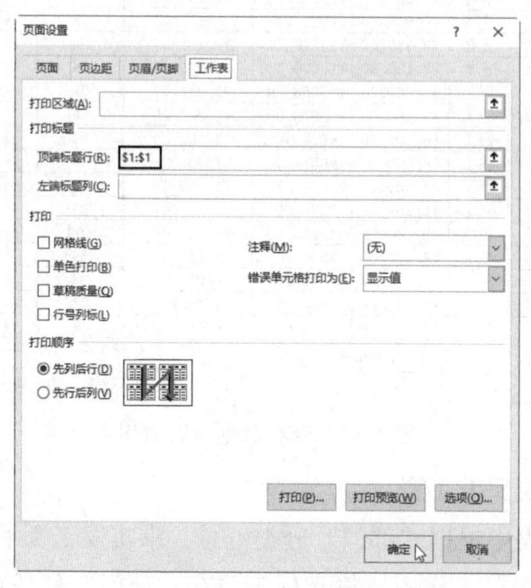

图 6-85　设置打印区域

（7）单击“打印预览（M）”按钮后可将每个部门分别打印在每一页中，并且使每一页都有标题行，如图 6-86 所示。

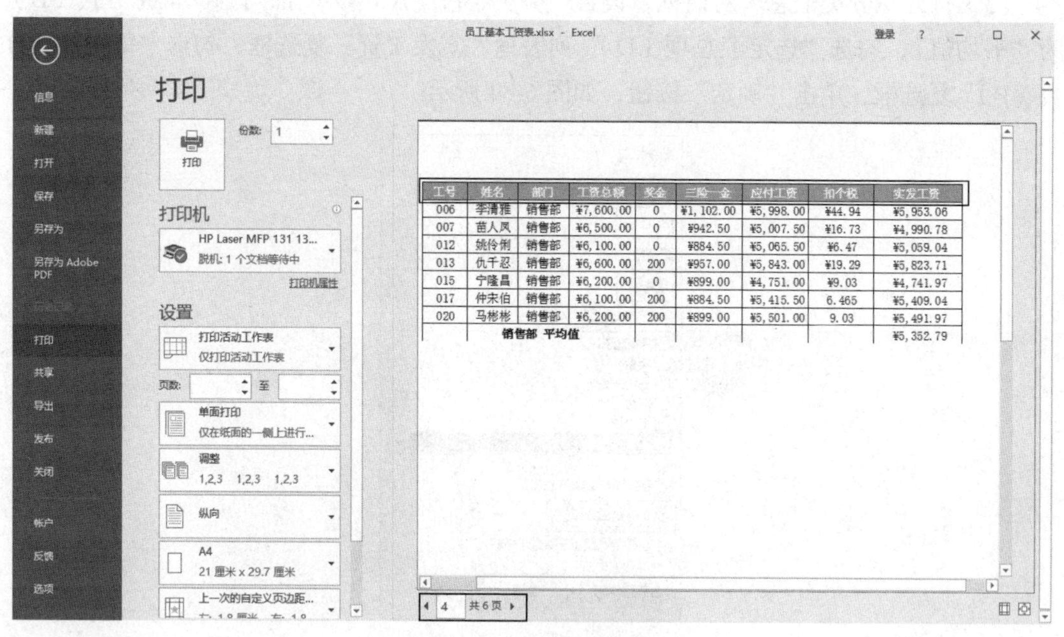

工号	姓名	部门	工资总额	奖金	三险一金	应付工资	扣个税	实发工资
006	李清雅	销售部	¥7,600.00	0	¥1,102.00	¥5,998.00	¥44.94	¥5,953.06
007	苗人凤	销售部	¥6,500.00	0	¥942.50	¥5,007.50	¥16.73	¥4,990.78
012	姚伶俐	销售部	¥6,100.00	0	¥884.50	¥5,065.50	¥6.47	¥5,059.04
013	仇千忍	销售部	¥6,600.00	200	¥957.00	¥5,843.00	¥19.29	¥5,823.71
015	宁隆昌	销售部	¥6,200.00	0	¥899.00	¥4,751.00	¥9.03	¥4,741.97
017	仲宋伯	销售部	¥6,100.00	200	¥884.50	¥5,415.50	6.465	¥5,409.04
020	马彬彬	销售部	¥6,200.00	200	¥899.00	¥5,501.00	9.03	¥5,491.97
	销售部 平均值							¥5,352.79

图 6-86　查看打印效果

6. 创建不同工作表中的数据透视表和数据透视图

根据“基本工资表”“保险福利统计表”“个人所得税表”和“薪酬表”创建数据透视

表和数据透视图，通过切片器筛选工资合计、保险总额、个人所得税及实发工资的相关数据。

（1）切换至“基本工资表”工作表，将光标定位在数据区域，切换至“插入”选项卡，单击“图表”选项组中“数据透视图”按钮，在下拉列表框中选择“数据透视图和数据透视表”选项。

（2）打开“创建数据透视表”对话框，保持默认选项，单击“确定”按钮。

（3）在新工作表中创建数据透视表和数据透视图，将“部门”字段拖至“轴（类别）”区域，将“工资合计”字段拖至“值”区域，如图6-87所示。

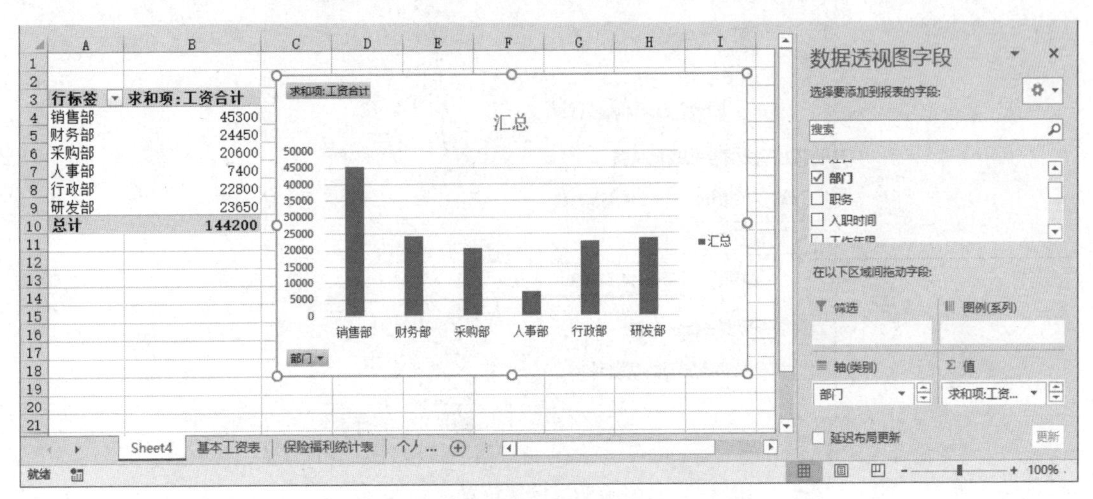

图6-87 创建数据透视表和数据透视图

（4）选择纵坐标轴并右击，在快捷菜单中选择“设置坐标轴格式”命令，在打开的导航窗格中设置坐标轴单位为10000。

（5）删除数据透视表的标题和图例，添加数据标签并适当美化图表，将图表移到数据透视表的下方，如图6-88所示。

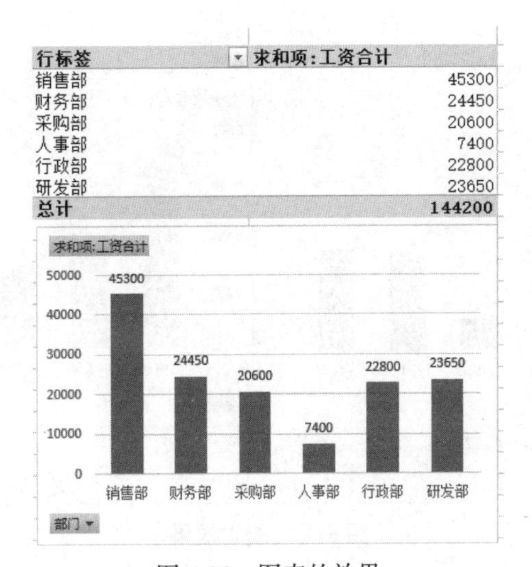

行标签	求和项:工资合计
销售部	45300
财务部	24450
采购部	20600
人事部	7400
行政部	22800
研发部	23650
总计	144200

图6-88 图表的效果

（6）切换至“保险福利统计表”工作表，根据相同的方法创建数据透视表和数据透视图，在打开的“创建数据透视表”对话框中，选中“现有工作表（E）”单选按钮，在“位置”区域设置到新建工作表的D3单元格区域，如图6-89所示。

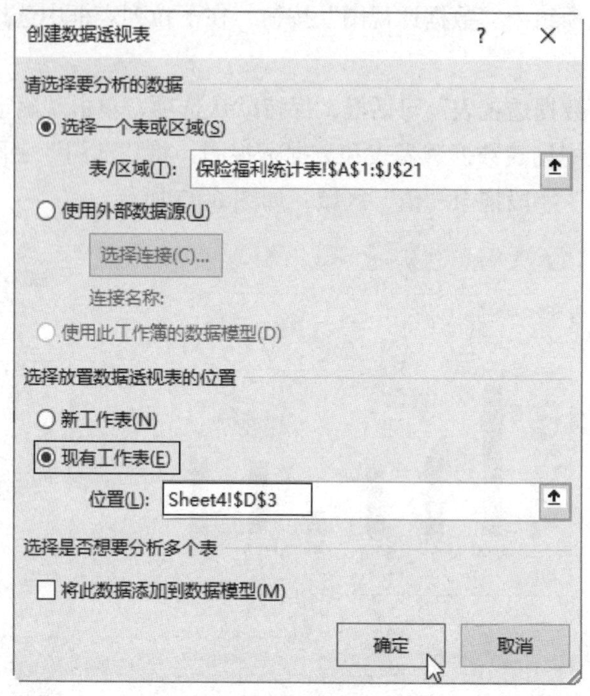

图6-89　设置位置

（7）创建数据透视表中的内容，然后对数据透视图进行美化设置，如图6-90所示。

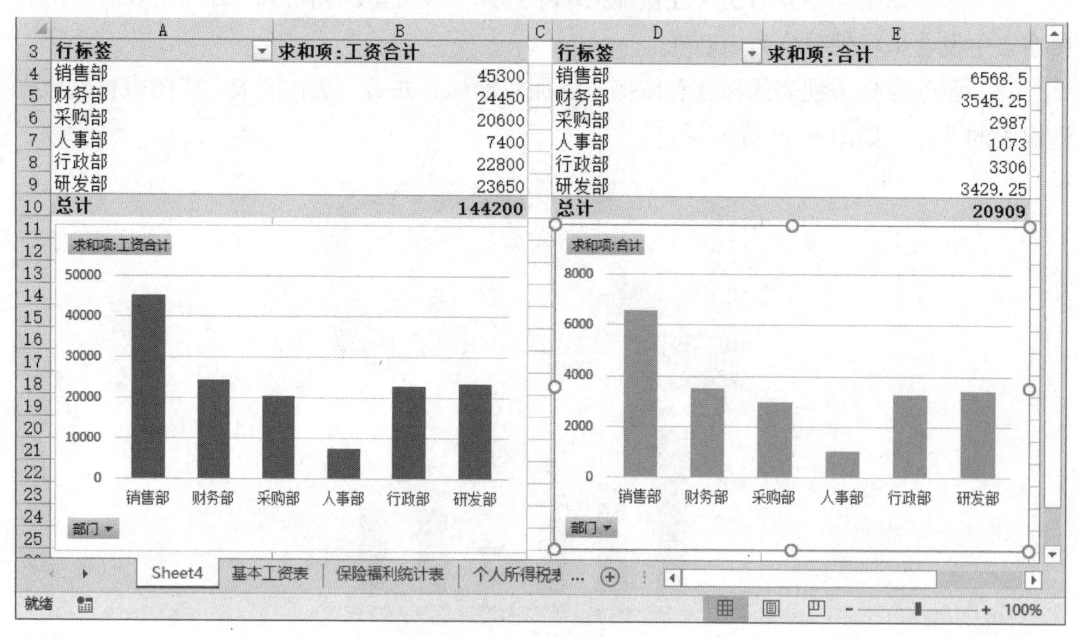

图6-90　查看效果

（8）根据相同的方法将“个人所得税表”和“薪酬表”中创建的数据透视表和数据透视图显示在新创建的工作表，并进行美化，效果如图6-91所示。

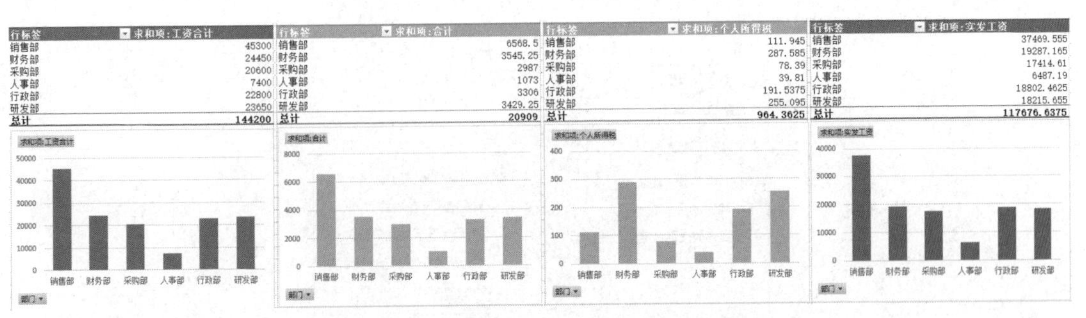

图6-91 查看所有数据透视表和数据透视图的效果

7. 实现数据透视表和数据透视图之间的联动

（1）将光标定位在任意数据透视表或选中任意数据透视图，切换至“数据透视表工具-分析”选项卡，单击“筛选”选项组中“插入切片器”按钮。

（2）在打开的“插入切片器”对话框中勾选“部门”和“职务”复选框，在工作表中插入切片器，如图6-92所示。

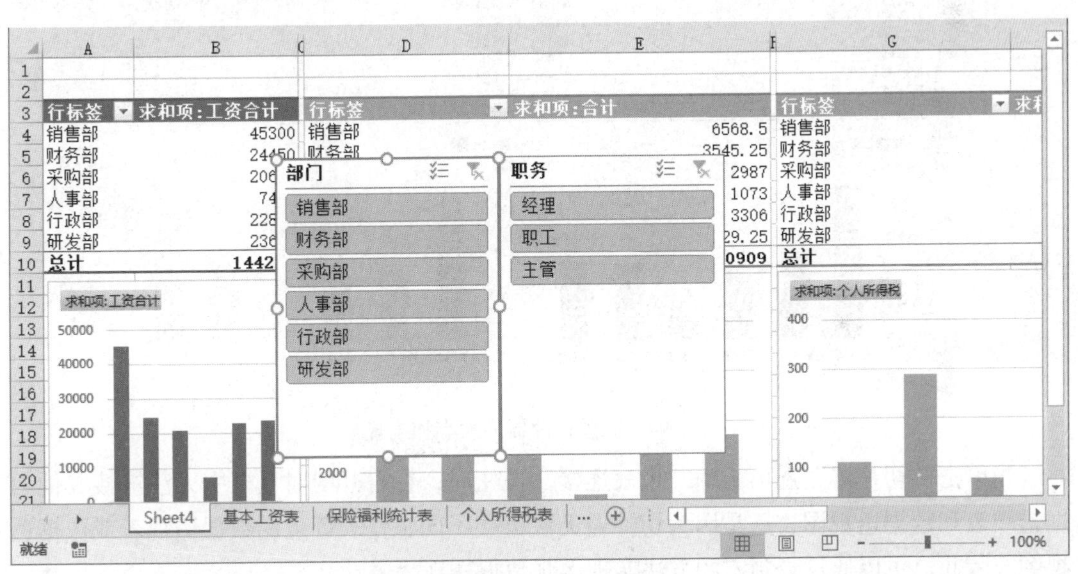

图6-92 插入切片器

（3）按住Ctrl键选择两个切片器，在“切片器工具-选项”选项卡的“切片器样式”选项组中应用合适的样式。

（4）选中任意切片器，单击“切片器”选项组中“切片器设置”按钮，在打开的“切片器设置”对话框中取消勾选“显示页眉（D）”复选框，单击“确定”按钮，如图6-93所示。

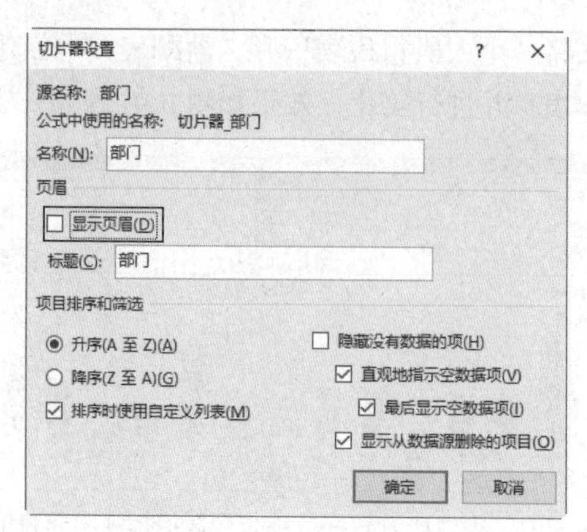

图 6-93　不显示切片器的页眉

（5）在“按钮”选项组中调整切片器的“列”的值，使切片器中按钮显示为一行，将切片器调整到数据透视表的左上角，如图 6-94 所示。

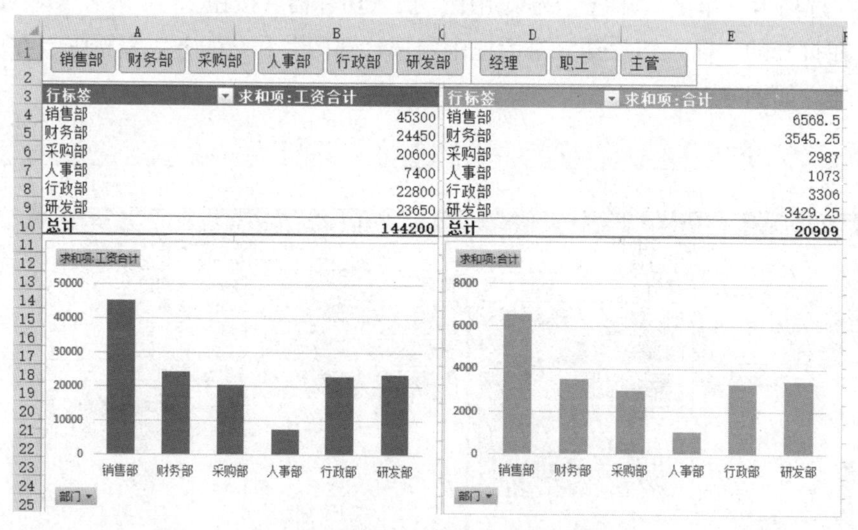

图 6-94　调整切片器的大小和位置

当单击“切片器”选项组中“报表连接”按钮时，在打开的对话框中无法链接其他数据透视表和数据透视图，这是因为切片器无法链接不同工作表创建的数据透视表或数据透视图。因此，可以通过录制宏的方法实现多张数据透视表联动。

（6）将每个数据透视表“职务”字段拖至“筛选”区域。

（7）切换至“插入”选项卡，单击“文本”选项组中“文本框”下方的列表按钮，在下拉列表框中选择“绘制横排文本框”选项，在工作表中绘制文本框，并输入“经理”。

（8）根据相同的方法创建“职工”和“主管”文本框，并设置文本框的格式和效果。

（9）切换至“开发工具”选项卡，单击“代码”选项组中“录制宏”按钮，如图 6-95 所示。

（10）打开“录制宏”对话框，在“宏名（M）”文本框中输入“经理”，单击“确定”按钮。然后筛选每个数据透视表中的“职务”为“经理”，最后单击“代码”选项组中

“停止录制”按钮。

（11）右击“经理”文本框，在快捷菜单中选择“指定宏”命令，打开“指定宏”对话框，选择录制的“经理”宏，单击“确定”按钮，如图 6-96 所示。

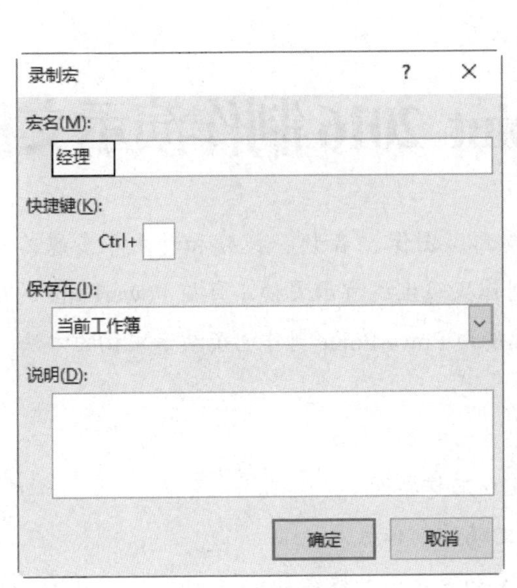

图 6-95　录制宏

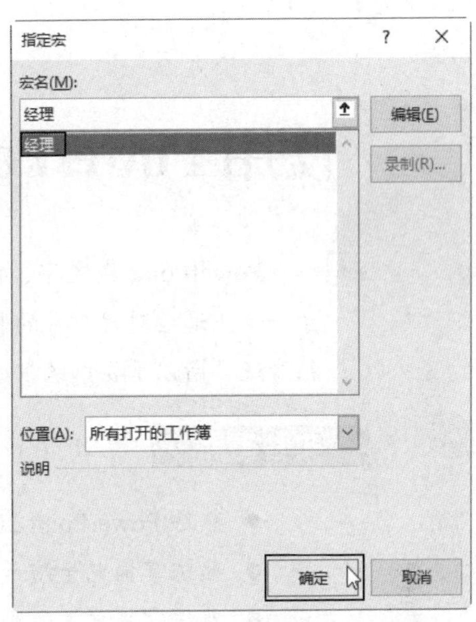

图 6-96　指定宏

（12）此时，光标移至“经理”文本框上时会显示手的形状，说明指定宏成功，如果单击之则所有数据透视表和数据透视图中都会显示各部门“经理”的相关数据。

（13）根据相同的方法录制宏并为文本框指定宏，即可完成跨工作表创建数据透视表和数据透视图之间的联动。

（14）例如，单击“职工”文本框时，所有数据透视表和数据透视图中都会显示各部门职工的数据，如图 6-97 所示。最后保存为启用宏的文档即可。

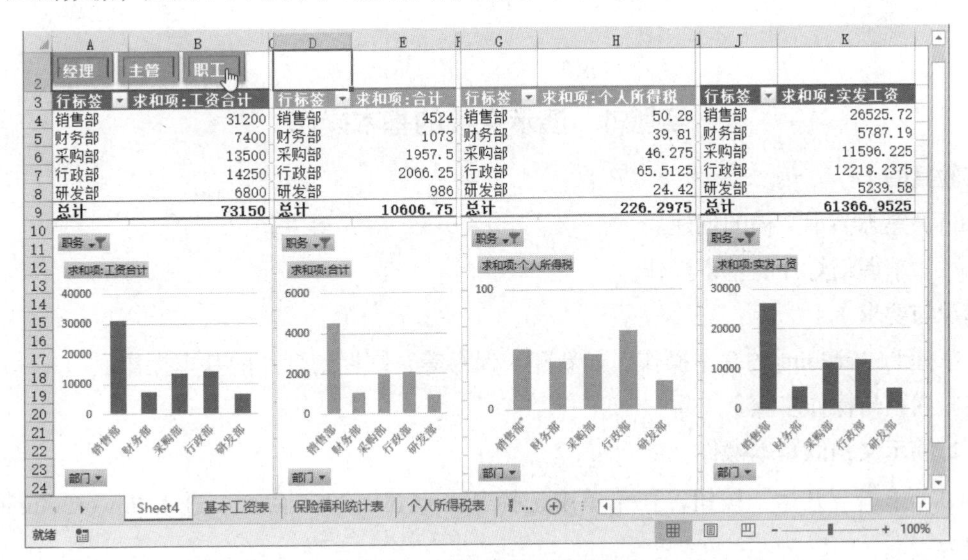

图 6-97　筛选职工的数据

第7章

使用 PowerPoint 2016 制作演示文稿

PowerPoint 集文字、图形、图像、音频、视频和动画等多媒体元素于一体，通过对幻灯片的制作从而生成演示文稿。目前 PowerPoint 的应用很广泛，所以需要熟练掌握使用 PowerPoint 制作电子演示文稿的方法。

实验重点

- 熟练 PowerPoint 2016 工作界面。
- 熟练掌握电子演示文稿的制作方法。
- 熟练掌握文本的输入和设置文本格式的方法。
- 熟练掌握演示文稿版式和母版的设置方法。
- 熟练掌握图像、形状和文本框的应用技巧。
- 熟练掌握超链接的添加方法。
- 熟练掌握演示文稿的设计技巧。
- 掌握演示文稿中动画的设置方法。
- 掌握放映和导出演示文稿的方法。

实验 1　演示文稿的基本操作

【实验目的】

（1）熟悉演示文稿的创建。

（2）掌握幻灯片的基本操作。

【知识与要求】

掌握 PowerPoint 的基本操作，如新建、保存等，掌握幻灯片的基本操作。

【实验内容与操作步骤】

1. 演示文档的基本操作

（1）单击“开始”按钮，在菜单中选择 PowerPoint 2016 命令。进入 PowerPoint 开始界面。

（2）在“搜索联机模板和主题”文本框中输入“工作计划”关键字，单击“开始搜索”按钮。

（3）在搜索结果中选择合适的模板，此处选择“总结报告 - 通透色条 - 通用绿紫”模板，单击“创建”按钮，如图 7-1 所示。

图 7-1 选择模板

（4）完成以上步骤即可创建“演示文稿 1”，其包含模板的内容，封面页、目录页、转场页、正文和结束页，而且还设置了动画效果，只需要在文本框中输入对应的文本即可。

（5）切换至“视图”选项卡，单击“演示文稿视图”选项组中“幻灯片浏览”按钮，查看模板，如图 7-2 所示。

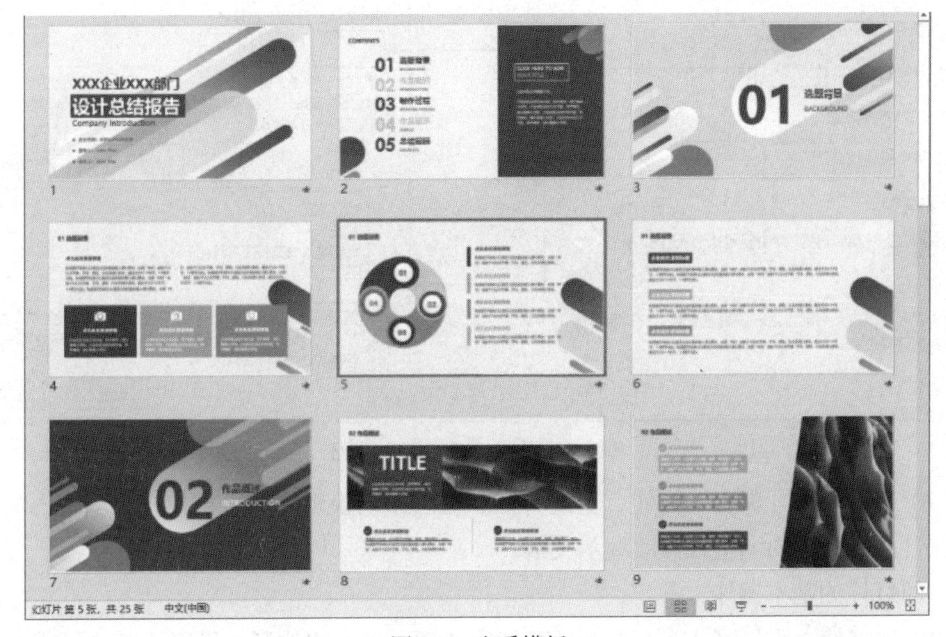

图 7-2 查看模板

（6）单击“文件”标签，选择“另存为”选项，双击“此电脑”，打开“另存为”对话框，设置保存的路径和文件名，单击“工具”按钮，在下拉列表框中选择“常规选项”选项，如图 7-3 所示。

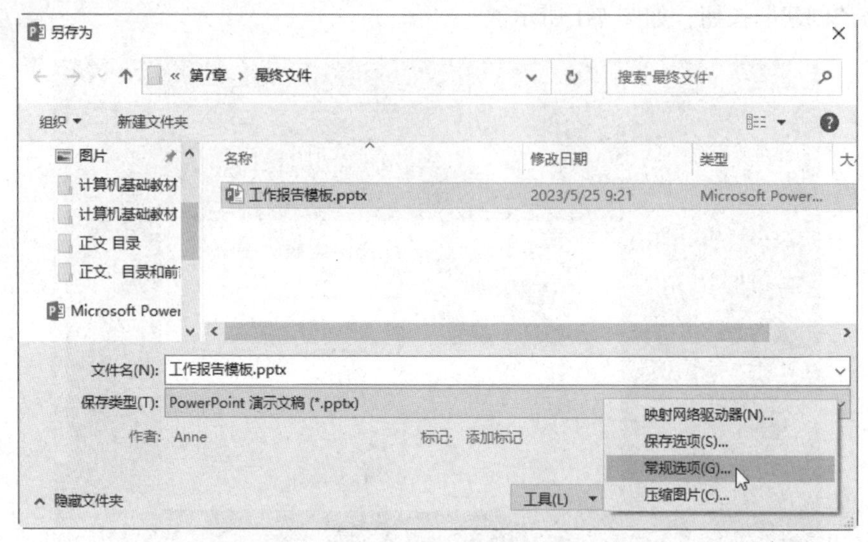

图 7-3　选择“常规选项”选项

（7）打开“常规选项”对话框，设置“打开权限密码（O）”为 666666，“修改权限密码（M）”为 888888，然后单击“确定”按钮。

（8）在打开的“确认密码”对话框中输入设置的打开密码，单击“确定”按钮。在打开的对话框中输入设置的修改密码，单击“确定”按钮，如图 7-4 所示。

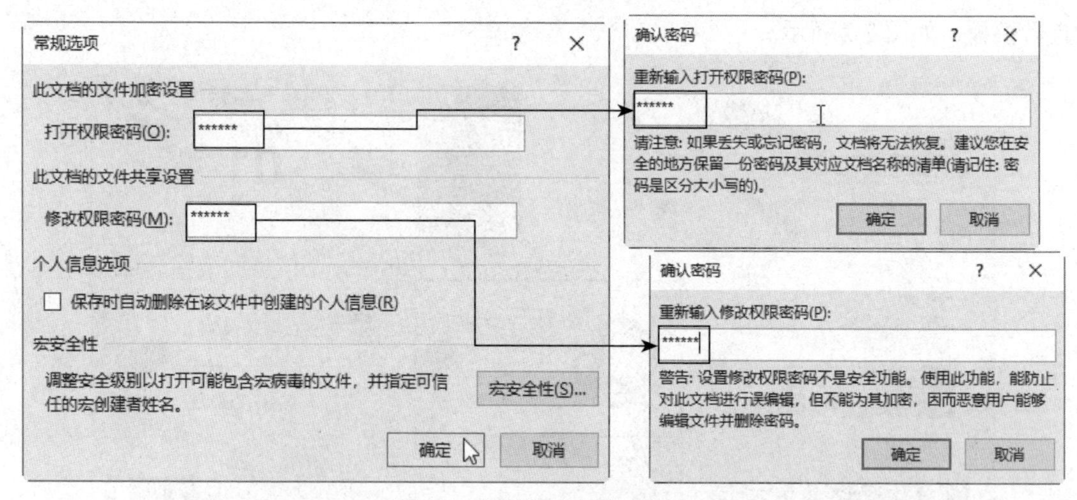

图 7-4　设置打开和修改密码

（9）最后单击“保存”按钮，至此打开和修改密码设置完成，被授权不同密码的用户只能在自己的权限内浏览或修改演示文稿。

2. 幻灯片的基本操作

（1）选择第 2 张幻灯片，目录页的标题有 5 项，通过修改版式设置成 6 项目录。

（2）切换至“开始”选项卡，单击“幻灯片”选项组中“版式”按钮，在下拉列表框中选择“目录页 _ 六项目录”选项，即可修改版式，如图 7-5 所示。

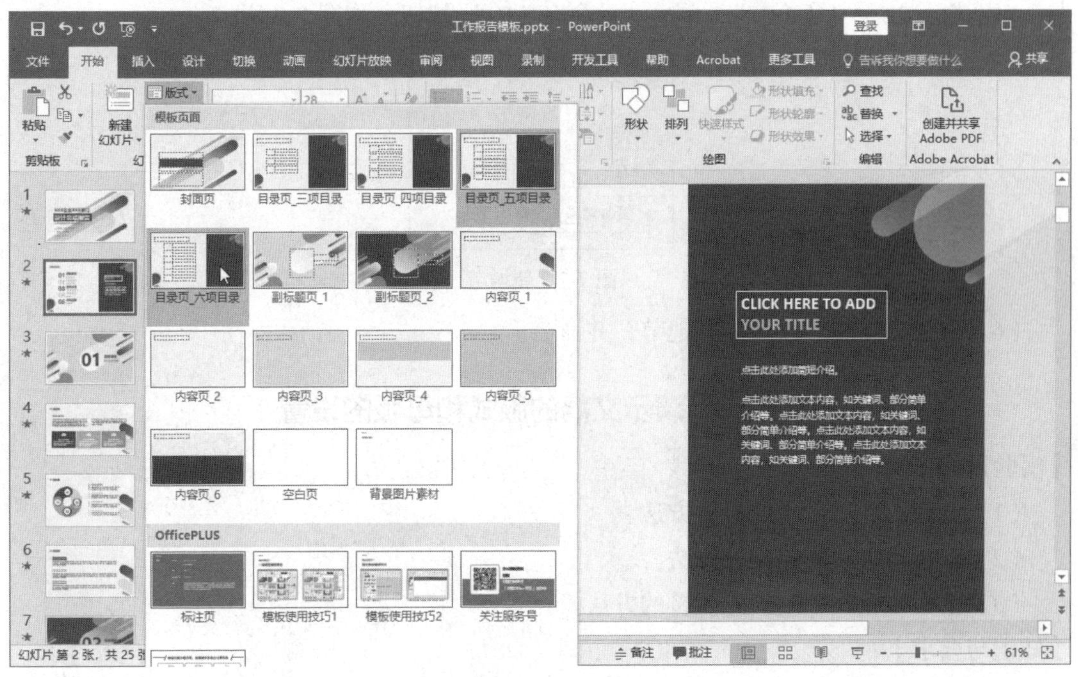

图 7-5　修改幻灯片的版式

（3）选择第 6 张幻灯片，添加渐变的背景。切换至“设计”选项卡，单击“自定义”选项组中“设置背景格式”按钮。

（4）打开“设置背景格式”导航窗格，在“填充”选项区域中选中“渐变填充”单选按钮，设置“类型”为“射线”，“方向”为“从右下角”，在“渐变光圈”中设置浅绿色、浅紫色的渐变，如图 7-6 所示。

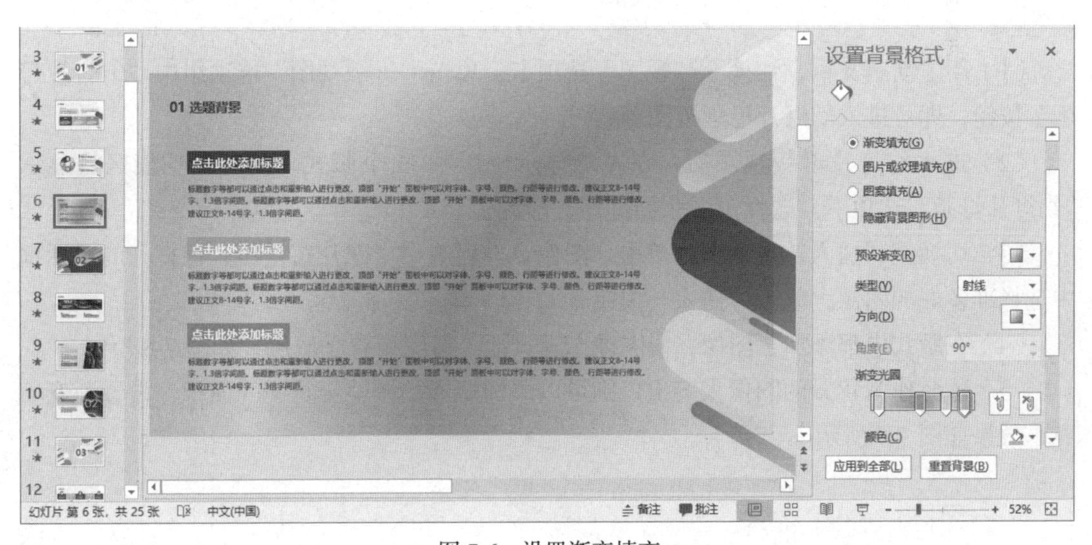

图 7-6　设置渐变填充

（5）为每部分添加节，选择第 2 张、第 3 张幻灯片中间，切换至“开始”选项卡，单击“幻灯片”选项组中“节”按钮，在下拉列表框中选择“新增节”选项，打开“重命名节”对话框，输入“第 1 节”，单击“重命名（R）”按钮，如图 7-7 所示。

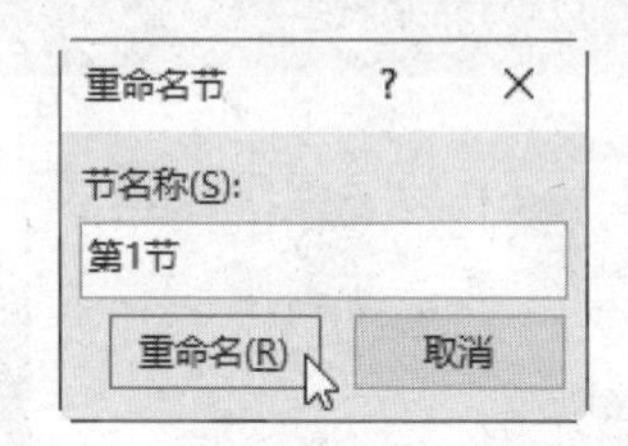

图 7-7　新增节

（6）根据相同的方法增加其他节，并命名。

实验 2　演示文稿的版式和母版的设置

【实验目的】

（1）掌握幻灯片母版的设置方法。

（2）掌握幻灯片版式设置方法。

（3）掌握在版式中插入点位符的方法。

【知识与要求】

- 掌握 PowerPoint 中进入母版视图的方法。
- 掌握插入版式的方法。
- 掌握占位符的使用方法。

【实验内容与操作步骤】

1. 设置母版

母版是能够控制整个演示文稿外观的主页面，包括颜色、字体、背景、效果和版式等。

（1）新建演示文稿，切换至“视图”选项卡，单击“母版视图”选项组中“幻灯片母版”按钮，即可进入幻灯片母版视图。

（2）进入幻灯片母版视图后，在左侧显示母版和 11 个版式，同时在功能区将显示“幻灯片母版”选项卡。选择第 1 张幻灯片，即母版。

（3）切换至“插入”选项卡，单击“图像”选项组中“图片”按钮，在打开的对话框中选择准备好的图像，单击“插入”按钮。

（4）在版式中都添加了图像，使图像充满页面，将图像置于底层，如图 7-8 所示。

（5）这时作为背景的图像太突出，则可以添加矩形，调整至页面等面积，设置渐变填充，效果如图 7-9 所示。

图 7-8 在母版中添加图像

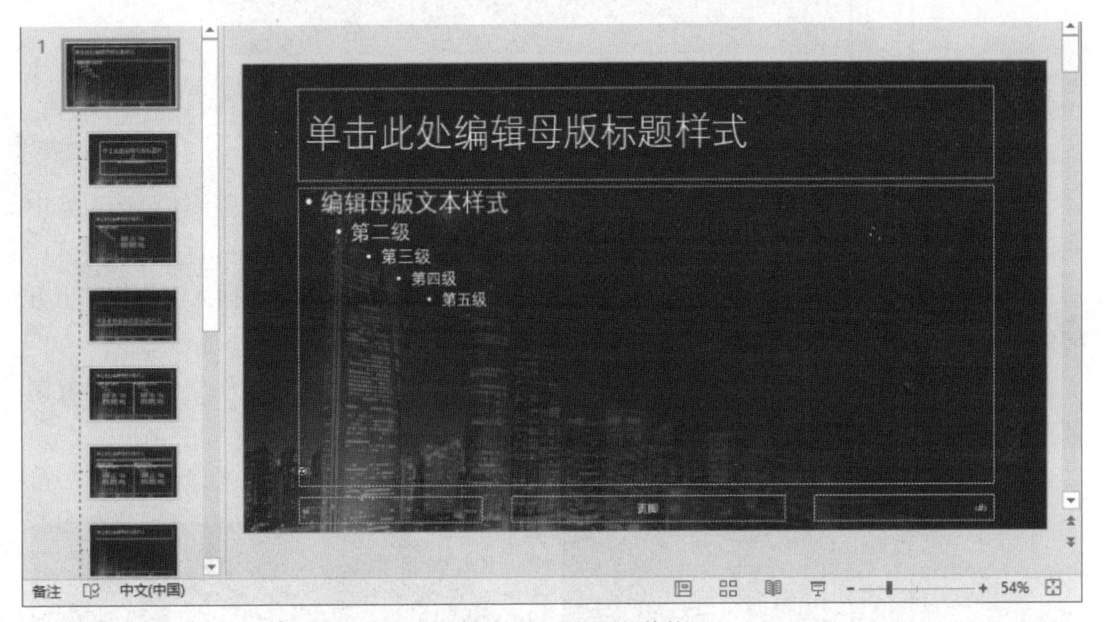

图 7-9 添加形状进行修饰

2. 设置版式

演示文稿的风格要保持一致，主要的版式要通过母版进行设置，包括封面、目录、转场、结束页等。

（1）首先创建封面页版式。打开 PowerPoint 2016，进入幻灯片母版视图，切换至“幻灯片母版”选项卡，单击“编辑母版”选项组中“插入版式”按钮，将插入的版式幻灯片移到母版的下方。

（2）删除下方所有内容，只保留标题文本框。再复制 4 份版式幻灯片。

（3）选择第1张版式幻灯片并右击，在快捷菜单中选择“重命名版式”命令，打开“重命名版式”对话框设置名称为“封面”，单击“重命名”按钮。

（4）在幻灯片中绘制矩形设置渐变填充，并绘制圆角矩形，设置其填充为白色，如图7-10所示。

图7-10　设置封面页的矩形

（5）设置标题文本框中字体格式、字体、字号和字体颜色。单击“字体”选项组中“字符间距”按钮，在下拉列表框中选择“稀疏”选项。

（6）切换至“幻灯片母版”选项卡，单击“母版版式”选项组中“插入占位符”下方的列表按钮，在下拉列表框中选择“文本”选项。

（7）在标题文本框下方绘制文本框，设置文本格式，“字符间距”为“1.3磅”。复制文本框将其向下移至合适的位置。

（8）封面页制作完成，添加相关文本查看效果，如图7-11所示。

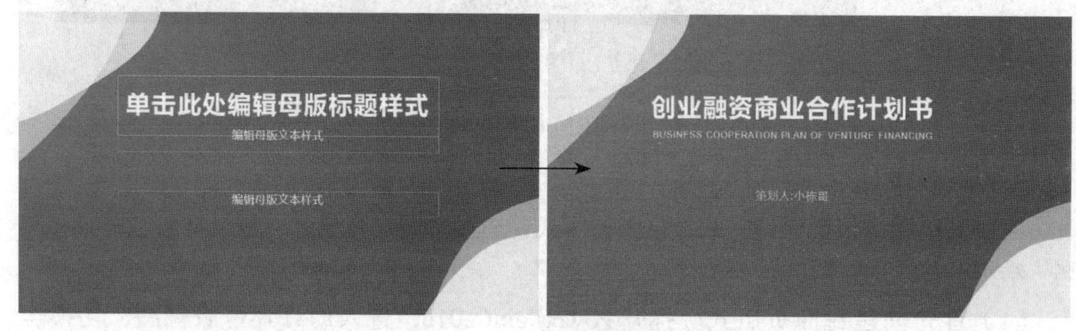

图7-11　封面页的效果

（9）根据制作封面页的方法制作其他版式，效果如图7-12所示。

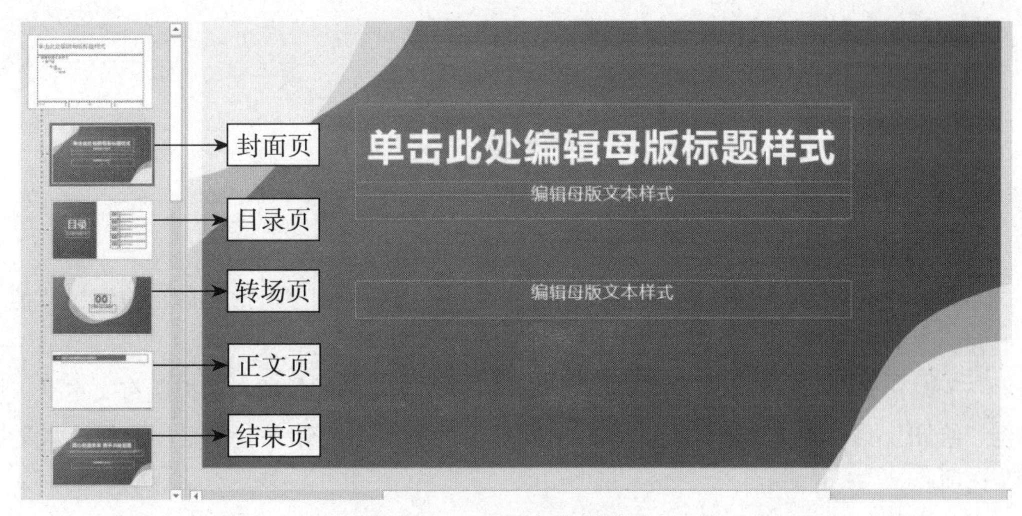

图 7-12 各种版式的效果

实验 3 封面页、目录页和转场页的设计实验

【实验目的】

（1）掌握图像在设计中的应用技巧。

（2）掌握形状在设计中的应用技巧。

（3）掌握表格在设计中的应用技巧。

（4）掌握 SmasrtArt 图形在设计中的应用技巧。

【知识与要求】

掌握 PowerPoint 中各种元素的应用技巧，本书中介绍各种元素的添加、编辑内容，具体如何在设计时使用这些元素，还需要去长期去积累和总结。

【实验内容与操作步骤】

1. 封面页的设计

在制作封面时，可以简约设计、使用形状色块或使用图像。

（1）制作简约的封面，只需要将文本合理地设计并排列，可以适当添加形状或图标进行修饰。

（2）新建演示文稿，添加空白页，切换至“插入”选项卡，单击“文本”选项组中“文本框”下列表按钮，在下拉列表框中选择“绘制横排文本框”选项。

（3）在幻灯片中绘制文本框，然后输入相关的文本。

（4）在“开始”选项卡的“字体”选项组中设置字体的格式。通过设置字体大小、颜色的深浅突出文本的层次。

（5）选择英文文本框，单击“字体”选项组中“更改大小写”按钮，在下拉列表框中选择“大写”选项，将英文全部设置为大写，如图 7-13 所示。

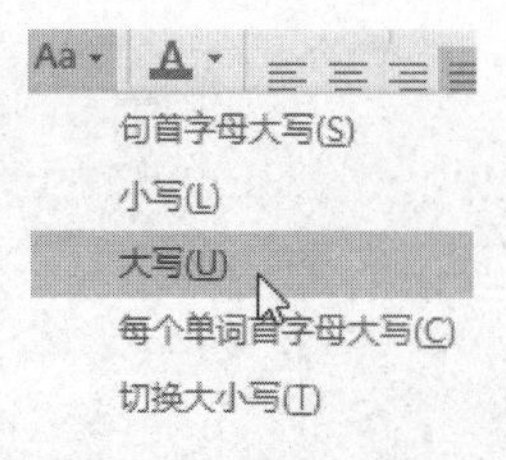

图 7-13　更改为大写

（6）保持英文文本框为选中状态，单击“段落”选项组中“分散对齐”按钮，使英文和上方文本框两侧对齐。

（7）调整文本框的大小至恰好容纳文本，再调整文本框的位置。选择所有文本框，切换至“绘图工具 - 格式”选项卡，单击“排列”选项组中“对齐”按钮，选择“水平居中”选项。

（8）简约的封面制作完成，如图 7-14 所示。

2023

整合营销策划计划书

Integrated marketing planning plan

策划人:小栋哥

图 7-14　封面效果

（9）添加色块修饰封面。将封面中所有文本设置为左对齐，将其至左侧合适的位置，为最下方文本添加填充颜色。

（10）切换至“插入”选项卡，单击“插图”选项组中“形状”按钮，在下拉列表框中选择“圆角矩形”，在页面中绘制圆角矩形。

（11）调整黄色控制点，使圆角为最大，如图 7-15 所示。

图 7-15　绘制圆角矩形

（12）选择绘制的圆角矩形，切换至“绘图工具 - 格式”选项卡，单击“排列”选项组中“旋转”按钮，在下拉列表框中选择“其他旋转”选项。

（13）打开“设置形状格式”导航窗格，在“大小与属性”选项卡中设置“旋转”为 30°。如图 7-16 所示。

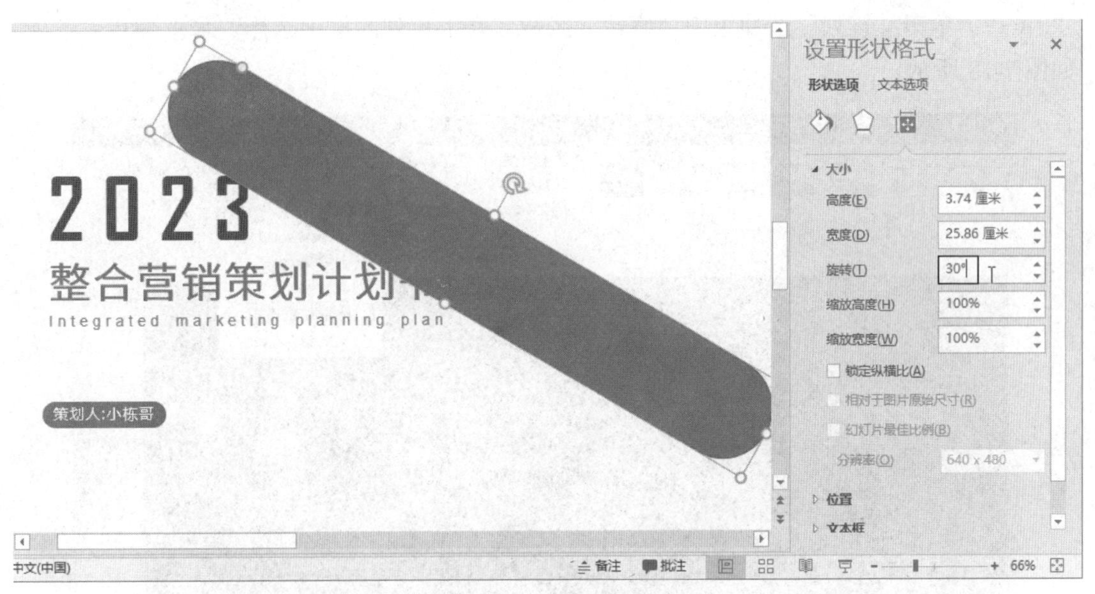

图 7-16　旋转圆角矩形

（14）切换至“填充与线条”选项卡，在“填充”选项区域选中“渐变填充”单选按钮，设置从蓝色到白色的渐变，并移到幻灯片的右下角。

（15）复制 3 份圆角矩形，并调整其大小和位置。最后设置不同的渐变填充颜色，使用色块修饰封面制作完成，如图 7-17 所示。

图 7-17　使用色块修饰封面

（16）使用图像和形状修改封面，图像和形状相辅相成，二者结合能制作出大气的封面。

（17）切换至“插入”选项卡，单击“插图”选项组中“图片”按钮，在打开的对话框中选择“城市.jpg”图像文件，单击“插入”按钮。

（18）选择插入的图像，切换至“绘图工具 - 格式”选项卡，单击“大小”选项组中

“裁剪”按钮，在下拉列表框中选择“纵横比”→“16∶9”选项，调整图像并裁剪，最后调整图像和页面等大。

（19）单击“排列”选项组中“旋转”按钮，在下拉列表框中选择“水平翻转”选项，如图 7-18 所示。

图 7-18　水平翻转图像

（20）在页面中绘制圆角矩形，并调整形状外观，复制一些圆角矩形并调整位置和大小，如图 7-19 所示。

图 7-19　绘制圆角矩形

（21）将所有圆角矩形选中再复制一份并移到页面外备用。

（22）选择页面中所有圆角矩形，切换至“绘图工具 - 格式”选项卡，单击“插入形状”选项组中“合并形状”按钮，在下拉列表框中选择“联合”选项，将所有形状联合为一个形状，注意不能使用“组合”功能。

（23）先选择图像，再选择联合的形状（顺序不能错），单击“合并形状”按钮，在下拉列表框中选择“相交”选项，即可保留图像和形状相交部分，如图 7-20 所示。

图 7-20 图像和形状运算

（24）将复制的圆角矩形合并，单击“形状样式”选项组中“形状填充”按钮，在下拉列表框中选择“取色器”选项，光标变为吸管形状，吸取图像上浅蓝色，为形状填充颜色。

（25）将形状移至图像的底部，最后将幻灯片背景设置为浅灰色。封面效果如图 7-21 所示。

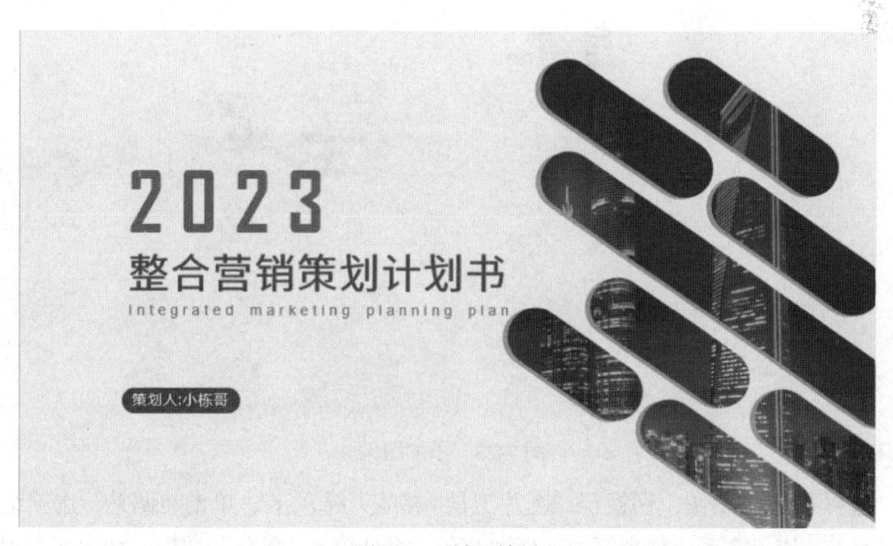

图 7-21 封面效果

2. 目录页的设计

目录页也可以与封面一样制作成由简约色块和图像构成，目录页中的内容是有一定的结构的，所以也可以使用 SmartArt 图形快速制作目录。下面介绍使用线条制作简约的时间轴目录页，以及使用 SmartArt 图形制作目录。

（1）打开 PowerPoint，插入文本框，输入“目录”和 CONTENTS 文本，分别设置文本的格式和字符间距，并移到幻灯片的中心上方。

（2）切换至“插入”选项卡，单击“插图”选项组中“形状”按钮，在下拉列表框中选择“曲线”。

（3）在页面中绘制一条曲线，整体是从左上向右上方向运行的。在“绘图工具 - 格式”选项卡的“形状样式”选项组中设置线条的格式，如图 7-22 所示。

图 7-22　绘制曲线

（4）单击“插图”选项组中“图片”按钮，在幻灯片中添加“飞机 .png”图像文件。进行水平旋转，调整其大小并移至曲线结尾处，如图 7-23 所示。

图 7-23　添加图像

（5）选择插入的图像，切换至“图片工具 - 格式”选项卡，单击“调整”选项组中“颜色”右侧列表按钮，在下拉列表框中选择“蓝色，个性色 5，深色”选项，如图 7-24 所示。

图7-24 调整图像的颜色

（6）在“形状”列表中选择“椭圆”选项，在幻灯片中按住Shift键绘制正圆形，设置填充颜色为白色、边框为蓝色。

（7）右击圆形，在快捷菜单中选择“编辑文字”命令，在形状中输入文字，在“开始”选项卡的“字体”选项组中设置字体格式。如图7-25所示。

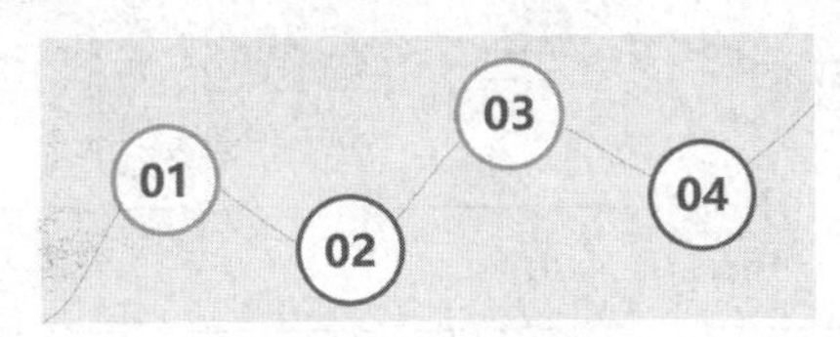

图7-25 添加圆形

（8）然后在每个正圆形一侧添加文本框并输入文本，设置文本的格式。

（9）在“目录”文本两侧添加修饰性的形状，目录页的效果如图7-26所示。

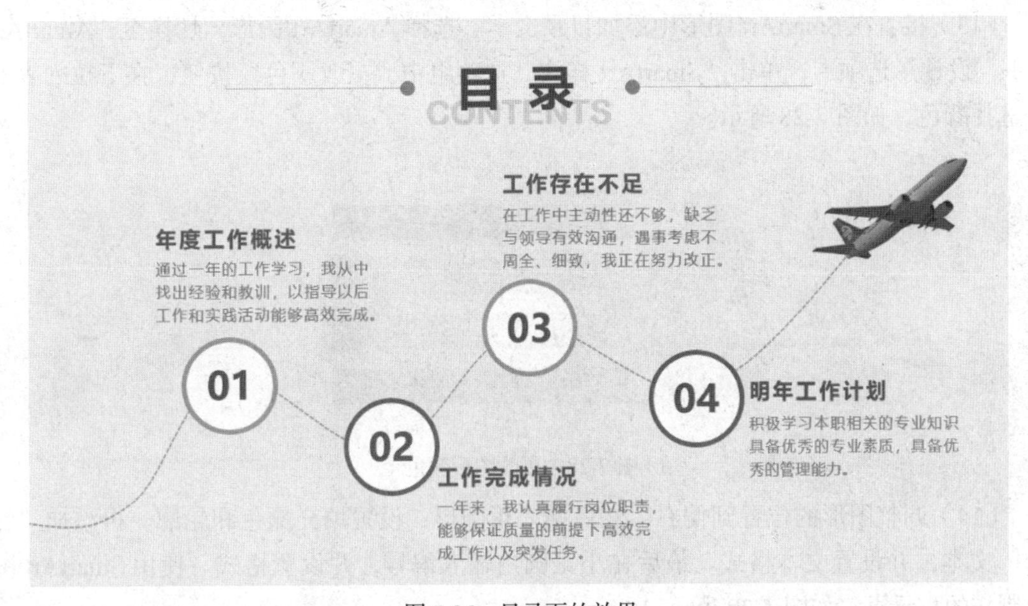

图7-26 目录页的效果

下面使用“垂直曲形列表”的 SmartArt 图形制作目录页，具体操作如下所示。

（10）新建空白的幻灯片，切换至“插入”选项卡，单击“插图”选项组中 SmartArt 按钮。

（11）打开“选择 SmartArt 图形”对话框，选择“垂直曲形列表”选项，在右侧预览效果，单击“确定”按钮，如图 7-27 所示。

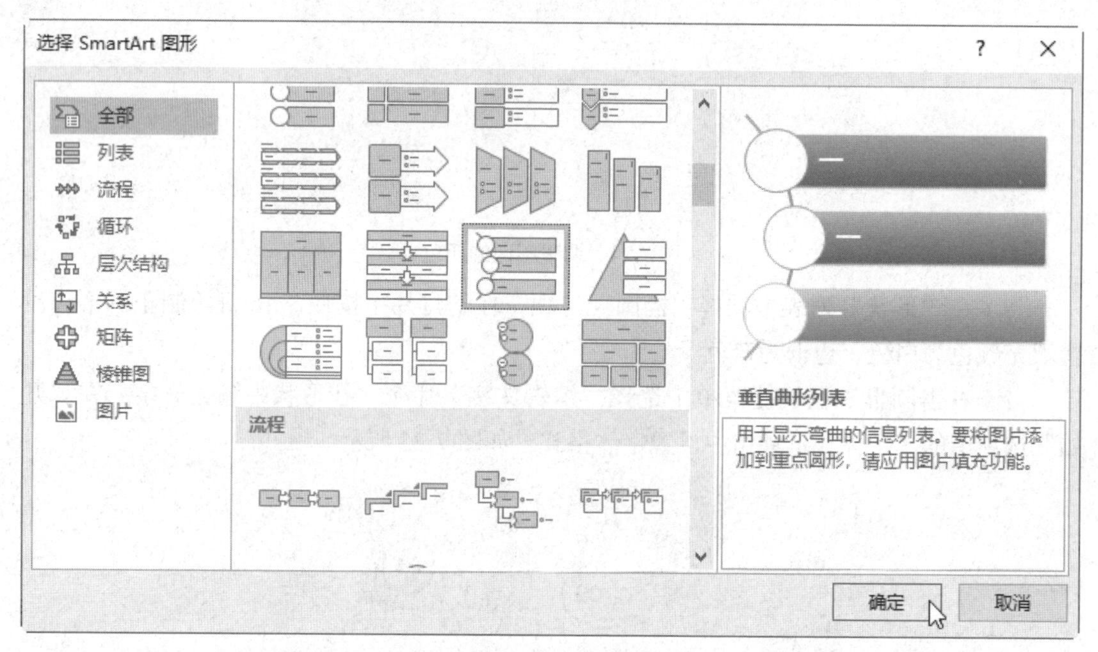

图 7-27 插入 SmartArt 图形

（12）切换至“AmartArt 工具 - 设计”选项卡，单击“创建图形”选项组中“添加形状”按钮，在下拉列表框中选择“在后面添加形状”选项。即可在图形的下方添加形状。

（13）接着在 SmartArt 图形中添加目录文本。选择 AmartArt 图形，切换至“AmartArt 工具 - 设计”选项卡，单击“SmartArt 样式”选项组中“更改颜色”按钮，在下拉列表框中选择颜色，如图 7-28 所示。

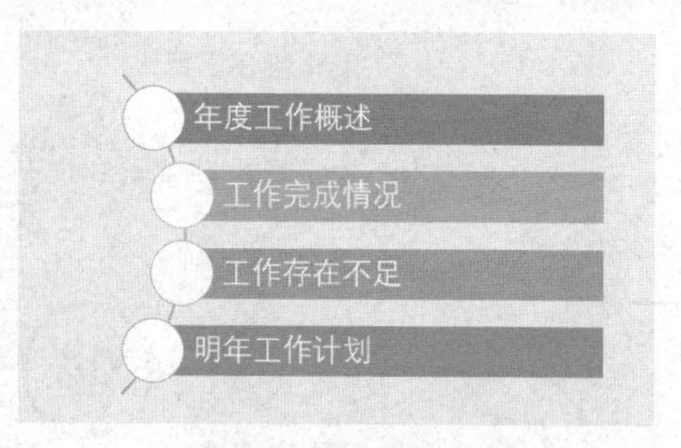

图 7-28 更改图形颜色

（14）调整图形的位置到偏右，然后插入正圆形，设置填充颜色和轮廓。再添加“目录”文本，并设置文本格式。最后在小正圆内输入编号，并设置格式。使用 SmartArt 图形制作的目录页，如图 7-29 所示。

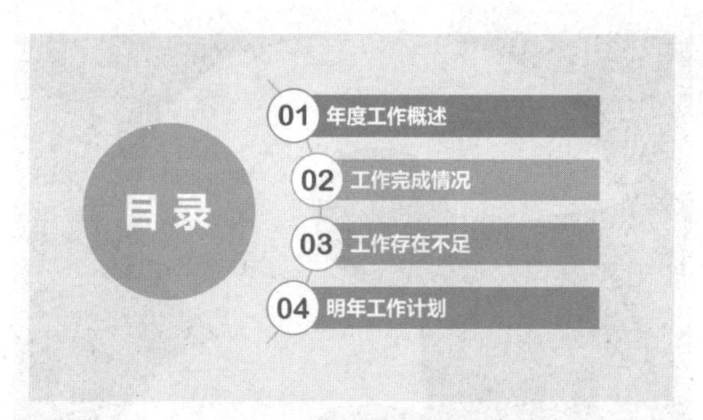

图 7-29 SmartArt 图形制作的目录页

3. 转场页的设计

转场页也叫过渡页，作用是展示接下来介绍的内容。目录页可以作为转场页，只需要将指定的内容突出显示即可。下面介绍使用图像、文本和形状制作转场页，具体操作如下所示。

（1）打开 PowerPoint，新建空白幻灯片。切换至“插入”选项卡，单击“插图”选项组中“图片”按钮。

（2）在打开的对话框中选择“城市 .jpg”图像文件，插入到幻灯片中。调整并裁剪图像，使其铺满整个幻灯片。

（3）单击“插图”选项组中“形状”按钮，在下拉列表框中选择“矩形”选项，绘制和幻灯片等大的矩形。

（4）选择矩形，打开“设置形状格式”导航窗格，设置为无线条，填充颜色为黑色，“透明度（T）”为 35%，如图 7-30 所示。

图 7-30 添加矩形形状

（5）在幻灯片中绘制文本框，输入数字 3，在“字体”选项组中设置字号和字体，尽量使用粗点字体，如图 7-31 所示。

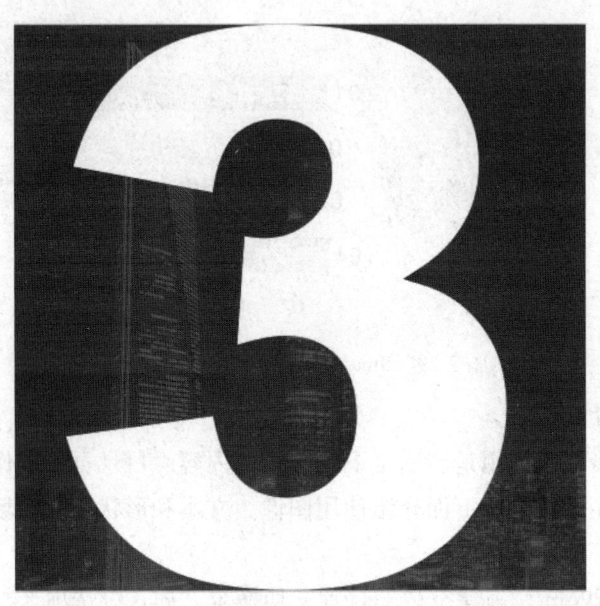

图 7-31　输入文本

（6）选择矩形，再选择文本框，切换至“绘图工具 - 格式”选项卡，单击“插入形状”选项组中“合并形状”按钮，在下拉列表框中选择“剪除”选项。

（7）文字作为形状与矩形进行运算，如图 7-32 所示。

图 7-32　文字和形状进行运算

（8）在幻灯片中输入转场页的文本，并设置文本的格式，然后绘制线条进行修饰。

（9）选择文本框中的文本，切换至“段落”选项卡，单击“段落”选项组中“项目符号”右侧列表按钮，在下拉列表框中选择合适的项目符号。

（10）将文本选中并设置左对齐，移到合适的位置。转场页的效果如图 7-33 所示。

图 7-33　转场页的效果

实验 4　表格和图表的设计实验

【实验目的】

（1）掌握表格在设计中的应用。

（2）掌握图表的应用。

【知识与要求】

在演示文稿中用数据展示观点会更有力。使用 PowerPoint 制作表格或图表时，不但要能突出数据，还要美观。

【实验内容与操作步骤】

1. 表格的应用

（1）首先设置表格的背景。切换至“插入”选项卡，单击“图像”选项组中“图片”按钮，在打开的“插入图片”对话框中选择“城市 .jpg”图像文件，单击“打开”按钮。

（2）对图像进行裁剪，调整图像与幻灯片等尺寸。

（3）在“插图”选项组中单击“形状”按钮，在下拉列表框中选择“矩形”选项。

（4）在幻灯片中绘制矩形，使其完全覆盖图像。在“设置形状格式”导航窗格中设置填充黑色，透明度为 9%。效果如图 7-34 所示。

图 7-34　背景的设置

（5）切换至“插入”选项卡，单击“表格”选项组中“表格”按钮，在下拉列表框中选择 6×7 的表格，在幻灯片中创建空白表格。

（6）将光标定位在单元格中，输入相关数据。

（7）接来美化表格。首先清除表格除文本之外的所有格式。切换至“表格工具 - 设计”选项卡，单击“表格样式”选项组中“其他”按钮，在列表中选择“清除表格”选项。

（8）此时，设置文本颜色为白色，清除所有格式后，表格清晰明了很多，如图 7-35 所示。

产品名称	第一季度	第二季度	第三季度	第四季度	总销售额
格力	¥587,000	¥521,000	¥480,000	¥560,000	¥2,148,000
美的	¥677,000	¥480,000	¥376,000	¥478,000	¥2,011,000
海尔	¥369,000	¥668,000	¥558,000	¥568,000	¥2,163,000
奥克斯	¥427,000	¥355,000	¥298,600	¥386,000	¥1,466,600
志高	¥288,000	¥390,000	¥477,800	¥403,000	¥1,558,800
科龙	¥668,000	¥427,000	¥390,000	¥540,000	¥2,025,000

图 7-35　清除表格样式

（9）全选表格，在“字体”选项组中设置字体格式，为标题行文本加粗显示，并设置表格内数据字体颜色为浅灰色。

（10）在“表格工具 - 设计”选项卡中根据三线表的要求添加线框。然后在“表格工具 - 布局”选项卡的“对齐方式”选项组中设置对齐方式。两侧设置左对齐和右对齐，表格更整齐，中间部分设置居中对齐，如图 7-36 所示。

产品名称	第一季度	第二季度	第三季度	第四季度	总销售额
格力	¥587,000	¥521,000	¥480,000	¥560,000	¥2,148,000
美的	¥677,000	¥480,000	¥376,000	¥478,000	¥2,011,000
海尔	¥369,000	¥668,000	¥558,000	¥568,000	¥2,163,000
奥克斯	¥427,000	¥355,000	¥298,600	¥386,000	¥1,466,600
志高	¥288,000	¥390,000	¥477,800	¥403,000	¥1,558,800
科龙	¥668,000	¥427,000	¥390,000	¥540,000	¥2,025,000

图 7-36　设置表格边框和对齐方式

（11）为表格添加标题、数据来源和脚注的内容，并分别设置文本格式，如图 7-37 所示。

2023年各品牌空调每季度销售额统计表

产品名称	第一季度	第二季度	第三季度	第四季度	总销售额
格力	¥587,000	¥521,000	¥480,000	¥560,000	¥2,148,000
美的	¥677,000	¥480,000	¥376,000	¥478,000	¥2,011,000
海尔	¥369,000	¥668,000	¥558,000	¥568,000	¥2,163,000
奥克斯	¥427,000	¥355,000	¥298,600	¥386,000	¥1,466,600
志高	¥288,000	¥390,000	¥477,800	¥403,000	¥1,558,800
科龙	¥668,000	¥427,000	¥390,000	¥540,000	¥2,025,000

图 7-37　查看表效果

如果要突出表格中某数据，则可以设置该数据为不同的颜色。例如，为第 4 行数据设置橙色并加粗显示。除此之外，还可为突出的数据添加底纹颜色，并将文本加精显示，如图 7-38 所示。

2023年各品牌空调每季度销售额统计表

产品名称	第一季度	第二季度	第三季度	第四季度	总销售额
格力	¥587,000	¥521,000	¥480,000	¥560,000	¥2,148,000
美的	¥677,000	¥480,000	¥376,000	¥478,000	¥2,011,000
海尔	¥369,000	¥668,000	¥558,000	¥568,000	¥2,163,000
奥克斯	¥427,000	¥355,000	¥298,600	¥386,000	¥1,466,600
志高	¥288,000	¥390,000	¥477,800	¥403,000	¥1,558,800
科龙	¥668,000	¥427,000	¥390,000	¥540,000	¥2,025,000

（a）

2023年各品牌空调每季度销售额统计表

产品名称	第一季度	第二季度	第三季度	第四季度	总销售额
格力	¥587,000	¥521,000	¥480,000	**¥560,000**	¥2,148,000
美的	¥677,000	¥480,000	¥376,000	**¥478,000**	¥2,011,000
海尔	¥369,000	¥668,000	¥558,000	**¥568,000**	¥2,163,000
奥克斯	¥427,000	¥355,000	¥298,600	**¥386,000**	¥1,466,600
志高	¥288,000	¥390,000	¥477,800	**¥403,000**	¥1,558,800
科龙	¥668,000	¥427,000	¥390,000	**¥540,000**	¥2,025,000

（b）

图 7-38　突出数据的两种形式

下面介绍使用表格美化幻灯片的操作。

（12）在幻灯片中插入图像，并裁剪图像调整尺寸。

（13）在页面中插入 8×16 的表格，调整表格尺寸，使其铺满幻灯片。单击“表格样式”选项组中“其他”按钮，在列表中选择“清除表格”选项，清除表格中所有格式。

（14）选中表格，为表格填充浅灰色背景。然后选择表格右侧部分单元格设置无填充，即可透过表格显示下方的图像内容。

（15）然后在左侧输入文本并设置文本的格式。

（16）使用表格美化幻灯片制作完成，效果如图 7-39 所示。

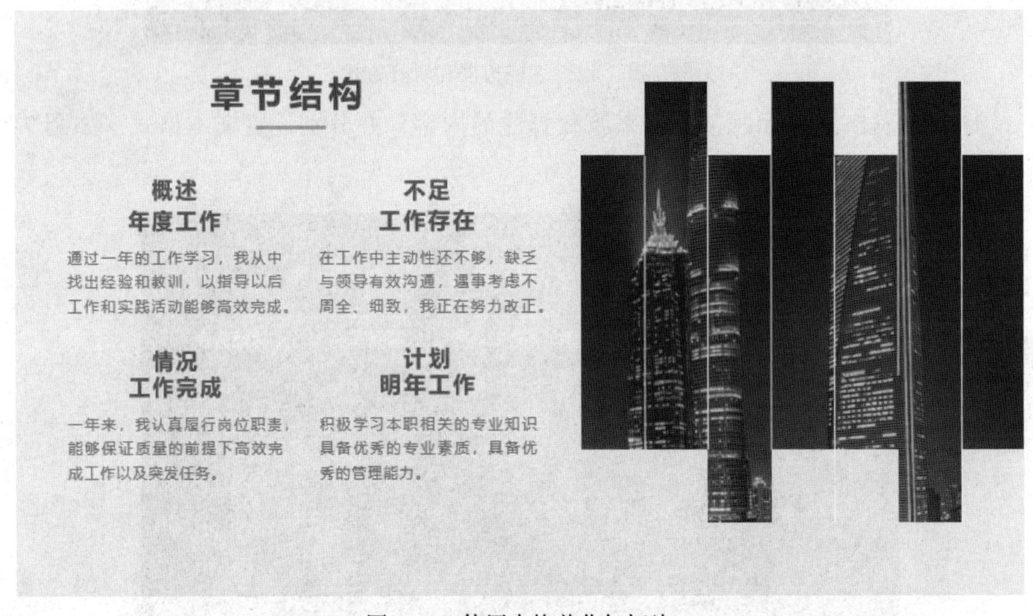

图 7-39　使用表格美化幻灯片

提示：使用表格进行排版

在演示文稿中输入文本时，一定要设置文本的对齐方式的。可以使用表格进行排版，在幻灯片中插入表格，根据排版要求合并单元格，以及设置对齐方式。最后直接在表格中输入文本即可。

2. 图表的应用

在 PowerPoint 中插入图表的方法和在 Word 中类似，但是在 PowerPoint 中插入的图表，其图表区和绘图区是无填充的，这样方便对图表进行设计。在 PowerPoint 中对图表添加动画时，是可以按系列、类别等应用动画的，这将在下一个实验介绍。下面介绍通过半圆环图表和柱形图展示数据的方法。

（1）将表格幻灯片的背景图像复制到图表幻灯片。

（2）切换至“插入”选项卡，单击“插图”选项组中“图表”按钮，打开“插入图表”对话框，选择“饼图”选项，在右侧单击“圆环图”图标，单击“确定”按钮。

（3）在幻灯片中插入圆环图，同时打开 Excel 工作表。在 Excel 工作表中输入数据，如图 7-40 所示。

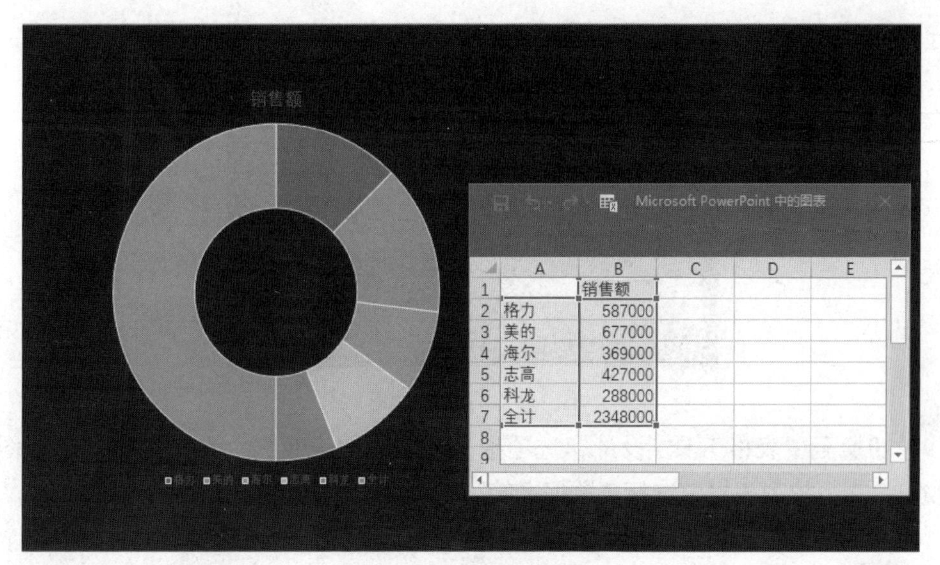

图 7-40 插入饼图

（4）关闭 Excel 工作表，选择圆环图扇区并右击，在快捷菜单中选择“设置数据系列格式”命令。

（5）打开“设置数据系列格式”导航窗格，在“系列选项”选项区域中设置“第一扇区起始角度”为“270°”。

（6）圆环图的“合计”扇区位于下方，如图 7-41 所示。

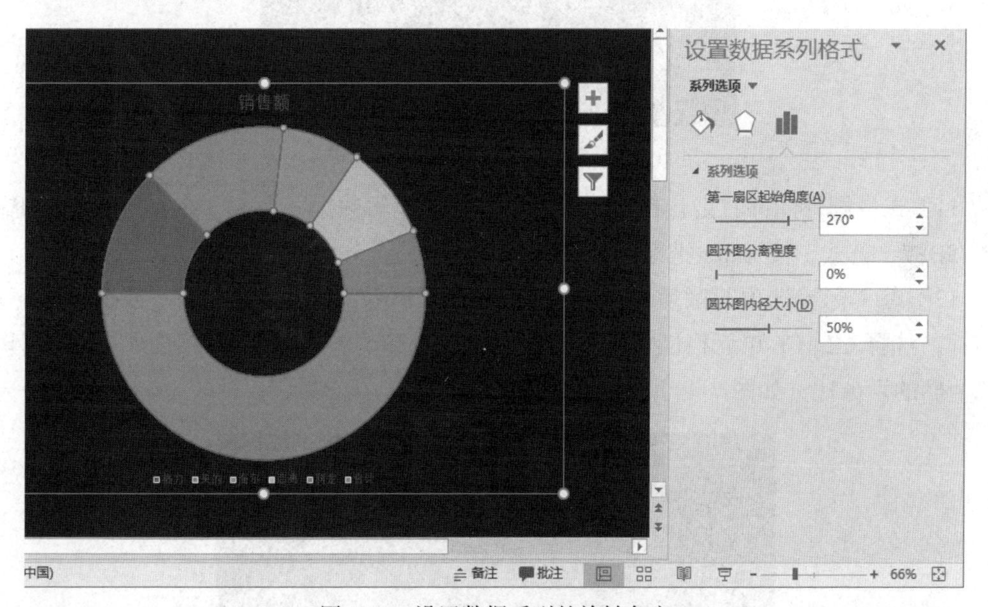

图 7-41 设置数据系列的旋转角度

（7）选择图表，切换至“图表工具 - 设计”选项卡，单击“图形样式”选项组中“更改颜色”按钮，在下拉列表框中选择合适的颜色。

（8）删除图例和图表标题。选择“合计”扇区，设置无填充和无轮廓，如图 7-42 所示。

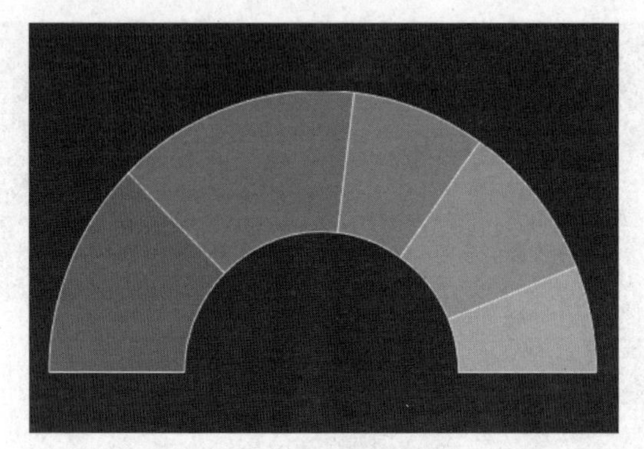

图 7-42　半圆环图表

（9）切换至“表格工具 - 设计”选项卡，单击“图表布局”选项组中“添加图表元素”按钮，在下拉列表框中选择“数据标签”→“显示”选项。

（10）打开“设置数据标签格式”导航窗格，在“标签选项”区域中勾选“类别名称”复选框，再设置数据标签的文本格式，如图 7-43 所示。

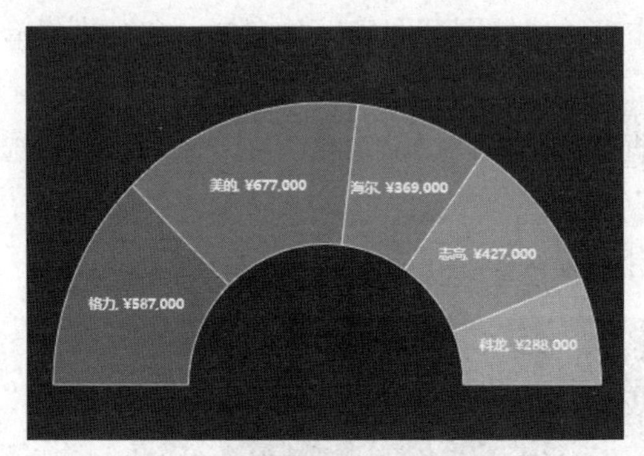

图 7-43　添加数据标签

（11）选择圆环图并右击，在快捷菜单中选择“编辑数据”命令，在 C2 单元格中输入“=B2/$B$7”公式，按 Enter 键即可计算出各个品牌的百分比。

（12）在“标签选项”区域中勾选“单元格中的值”复选框，打开“数据标签区域”对话框，选择 C2 : C6 单元格区域，单击“确定”按钮。在数据标签中显示各品牌销售额占总金额的百分比，如图 7-44 所示。

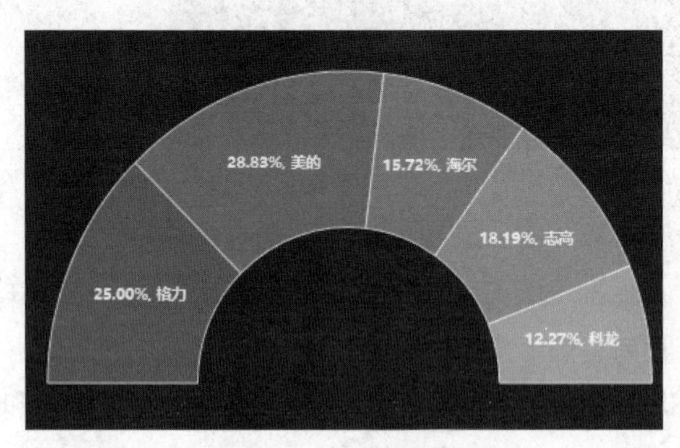

图 7-44　修改数据标签

（13）创建柱形图，其中数据和圆环图一样，对其进行美化操作。设置最高数据系列填充颜色为橙色，其余为灰色。

（14）最后添加标题和副标题文本并设置格式，如图 7-45 所示。

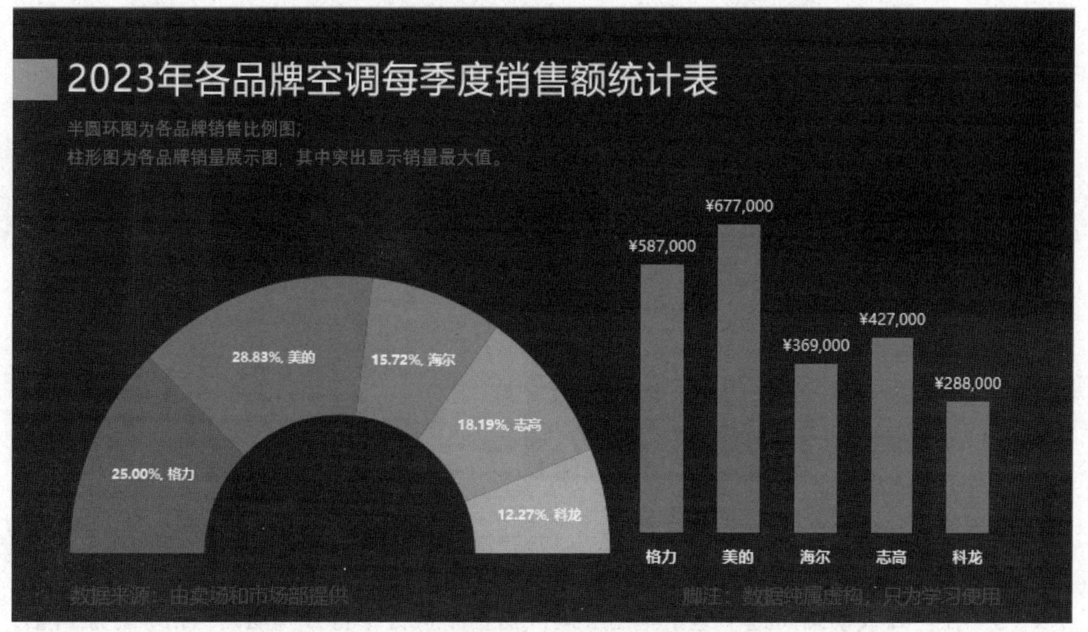

图 7-45 图表的效果

实验 5 演示文稿中的交互实验

【实验目的】

（1）掌握触发的应用技巧。

（2）掌握添加链接的应用技巧。

（3）掌握动画的应用技巧。

（4）掌握切换动画的应用技巧。

（5）掌握动作按钮的应用技巧。

【知识与要求】

学习 PowerPoint 2016 动画、交互相关内容。为图表添加动画时，设置“按系列中的元素”，可以将图表分离逐个应用动画效果。通过触发、动画和动作按钮实现交互。

【实验内容与操作步骤】

1. 为图表添加动画

（1）打开创建的半圆环和柱形图表，选择半圆环图表，切换至“动画”选项卡，单击“动画”选项组中“其他”按钮，在下拉列表框中选择“轮子”动画。

（2）单击“动画”选项组中“效果选项”按钮，在下拉列表框中选择“按系列中的元素（E）”选项，如图 7-46 所示。

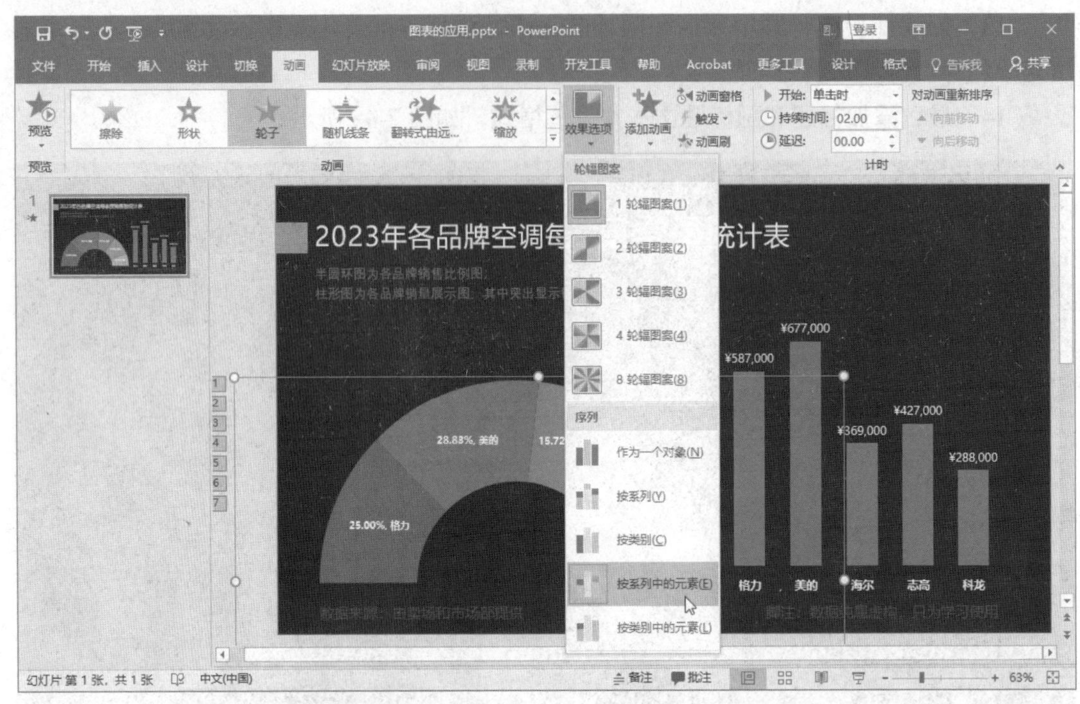

图 7-46　选择“按系列中的元素”选项

（3）在“高级动画”选项组中单击“动画窗格”按钮，打开“动画窗格”导航窗格，展开图表，可见每个数据系列都应用有动画。

（4）在导航窗格中全选应用动画的元素，单击右下方的列表按钮，在下拉列表框中选择“从上一项之后开始”选项。

（5）在“计时”选项组中设置“持续时间”为 0.5 秒。

（6）在“动画窗格”导航窗格中单击“播放所选项”按钮，预览动画，如图 7-47 所示。

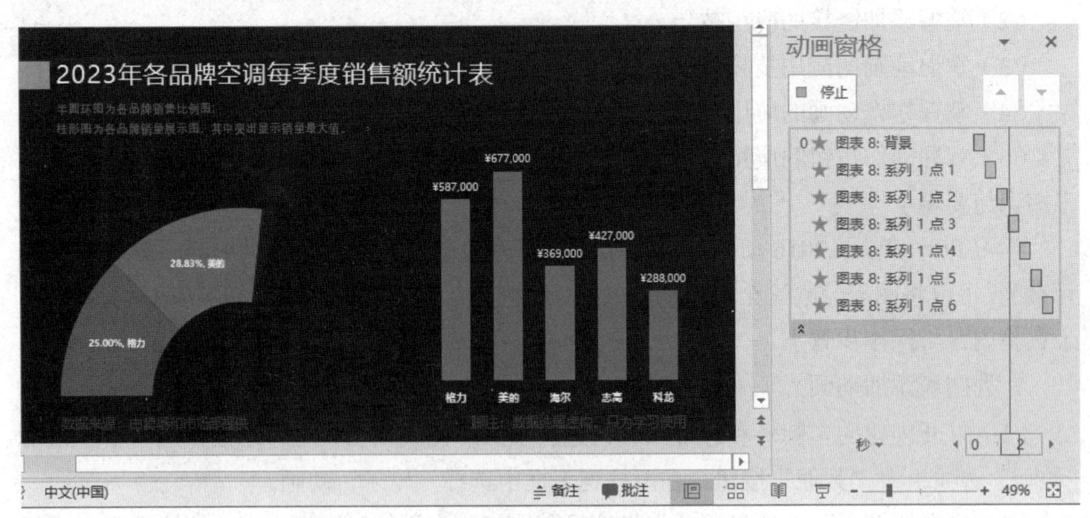

图 7-47　预览动画

（7）选中柱形图，单击“动画”选项组中“其他”按钮，在列表中选择“擦除”

动画。

（8）根据相同的方法设置按系列中的元素播放动画，并设置在“上一动画之后”开始此动画。

（9）应用动画的效果，如图 7-48 所示。

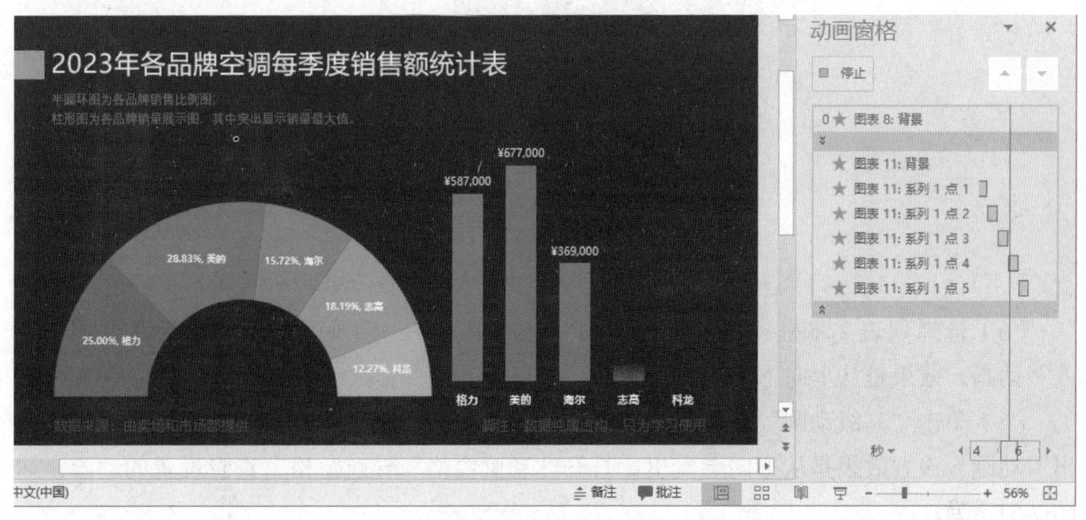

图 7-48 柱形图动画

2. 触发、链接和动作的应用

在每张幻灯片中添加“目录”按钮，在放映时，单击该按钮打开下拉列表框，选择对应的选项后会跳转到该页幻灯片。如果单击该页幻灯片右下角“返回首页”按钮，则可以跳转到演示文稿的第一张幻灯片。

1）添加动画并设置触发

（1）打开“绘制平面图形 .pptx”演示文稿，在第一页幻灯片右上方绘制文本框，输入“目录”文本，并设置文本格式。

（2）选择文本框，切换至“绘图工具 - 格式”选项卡，在“形状样式”选项组中设置“形状填充”为橙色，单击“形状效果”按钮，在下拉列表框中选择“棱台”→“圆形”选项，制作按钮效果，如图 7-49 所示。

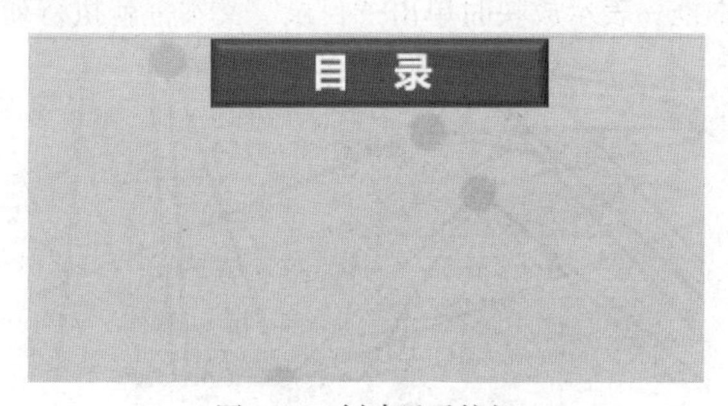

图 7-49 创建目录按钮

（3）再绘制一个文本框，并输入本演示文稿中每节的名称，如“3.1 节的绘制”文本。

（4）在“字体”选项组中设置文本的格式。在“绘图工具 - 格式”选项卡中设置形状填充颜色为灰色，并为文本框应用阴影的效果。

（5）将文本框移到按钮下方，调整比按钮稍小一点。单击“排列”选项组中“下移一层”按钮，将文本框调整到按钮的下一层，如图 7-50 所示。

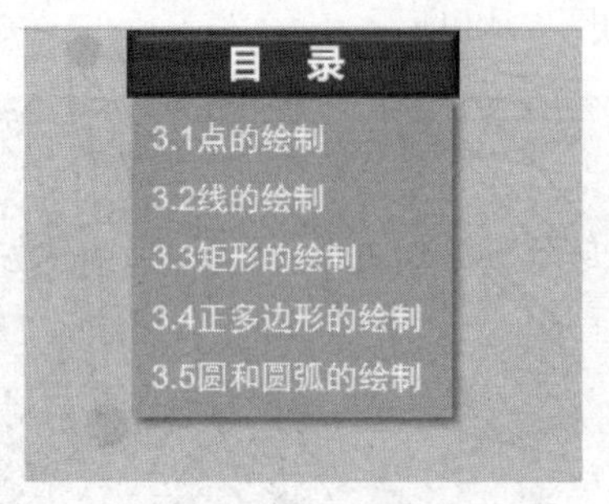

图 7-50　绘制列表

（6）选择列表文本框，切换至“动画”选项卡，在“动画”选项组中为其添加“飞入”动画，效果是从上向下飞入。

（7）单击“高级动画”选项组中“添加动画”按钮，在下拉列表框中选择退出的“飞出”动画，设置效果是从下向上飞出。打开“动画窗格”导航窗格，查看设置的动画，如图 7-51 所示。

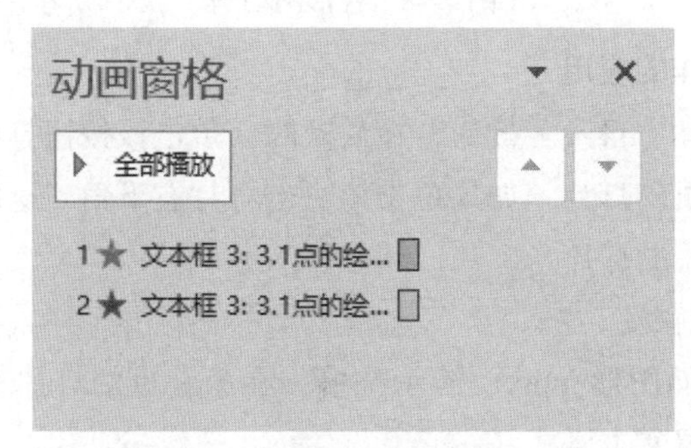

图 7-51　添加进入和退出动画

（8）选择“飞入”动画，切换至“动画”选项卡，单击“高级动画”选项组中“触发”按钮，在下拉列表框中选择“通过单击”→“文本框 4”选项，如图 7-52 所示。文本框 4 就是“目录”文本框，表示放映时单击“目录”文本框就执行列表文本飞入页面内的动画。

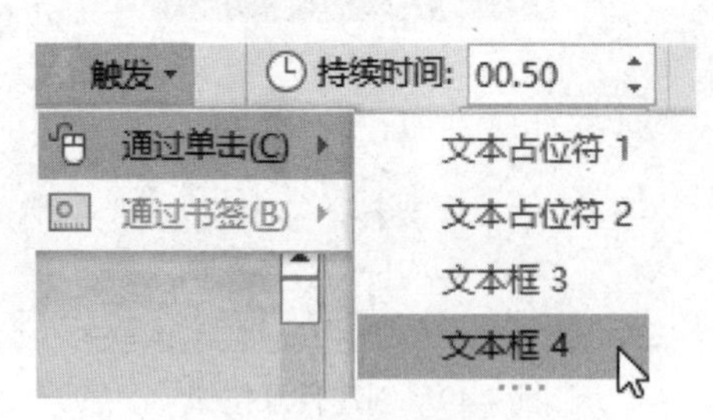

图 7-52　设置触发

（9）根据相同的方法为退出动画设置触发，指定为“文本框 3”，“文本框 3”是列表文本框，当选择列表中任意文本后，将退出列表。

2）设置超链接

（1）选择列表文本框中第一行文本“3.1 点的绘制”，切换至“插入”选项卡，单击“链接”选项组中“链接”按钮。

（2）打开“插入超链接”对话框，在“链接到”列表框中选择“本文档中的位置”选项，在“请选择文档中的位置”列表框中选择“幻灯片 6”，在“幻灯片预览”中预览选中幻灯片的内容，单击“确定”按钮，如图 7-53 所示。表示放映时单击“3.1 点的绘制”文本时，会跳转到第 6 张幻灯片。

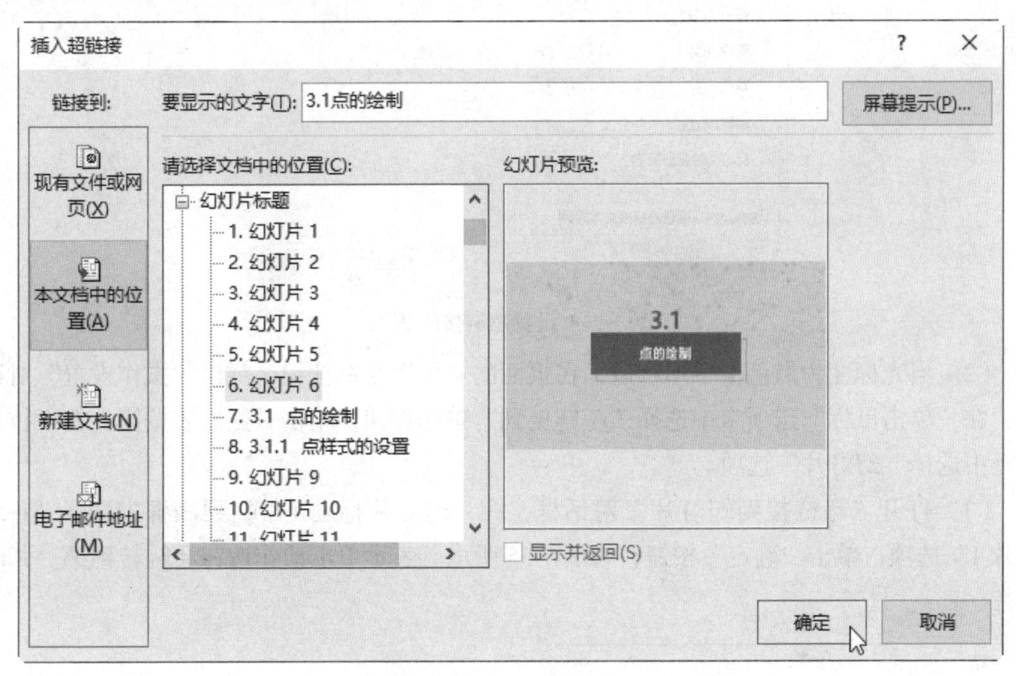

图 7-53 设置超链接

（3）根据相同的方法为其他文本链接到指定的幻灯片中。

（4）列表文本框中超链接设置完成。

（5）按 F5 键放映验证，可见设置超链接的文本，链接前后文本颜色发生变化，影响效果，接下来进一步设置链接前后文本颜色一致。

（6）切换至“设计”选项卡，单击“变体”选项组中“其他”按钮，在列表中选择“颜色”→“自定义颜色”选项。

（7）打开“新建主题颜色”对话框，在“名称”文本框中输入主题的名称。在“主题颜色”选项区域中设置“超链接”和“已访问的超链接”的颜色均为白色，如图 7-54 所示。设置完成后，放映时，单击超链接文本前后，文本颜色都是白色。

3）添加动作

（1）选择第 6 张幻灯片，切换至“插入”选项卡，单击“插图”选项组中“形状”按钮，在下拉列表框中选择“动作按钮 : 空白”。

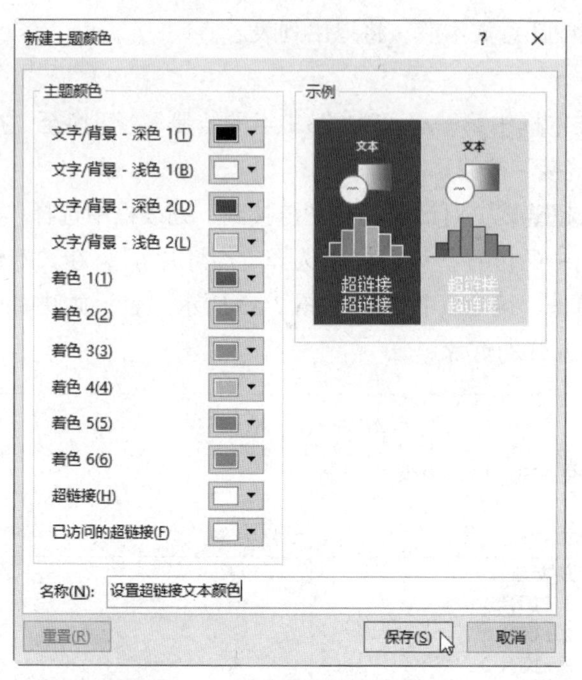

图 7-54　设置超链接的颜色

（2）当光标变为黑色十字形状后，在页面的右下角绘制按钮，弹出“操作设置”对话框，在“单击鼠标”选项卡中选择“超链接到”单选按钮，单击右侧列表按钮，在下拉列表框中选择“幻灯片”选项。

（3）打开“超链接到幻灯片”对话框，在“幻灯片标题（S）”列表框中选择“1. 幻灯片 1”选项，单击“确定”按钮，如图 7-55 所示。表示单击动作按钮会跳转到第一张幻灯片。

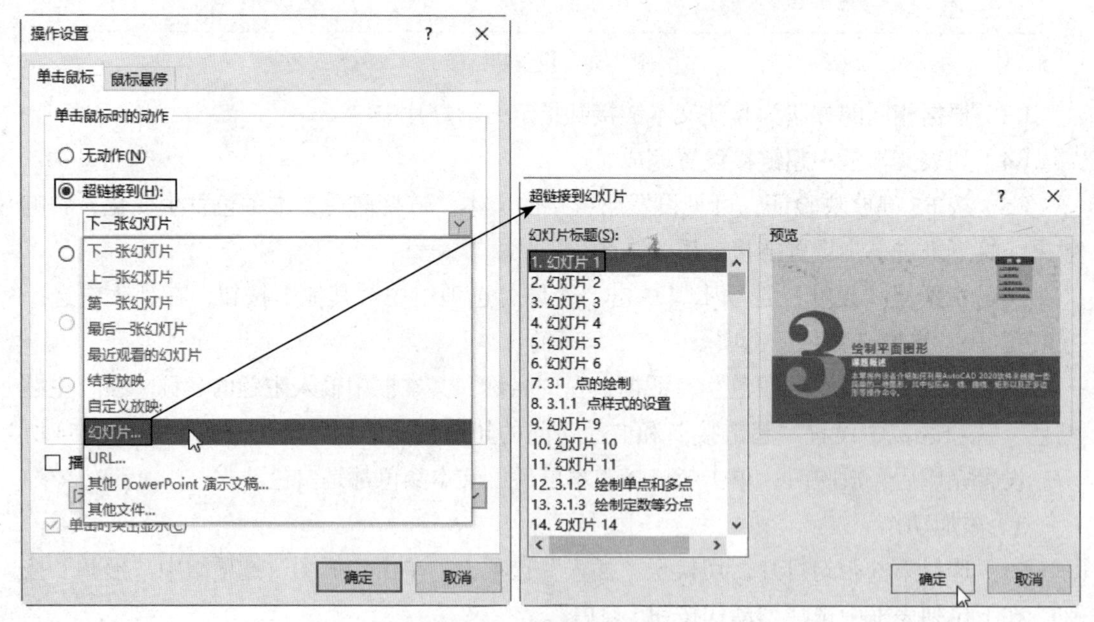

图 7-55　设置动作按钮

（4）依次单击“确定”按钮，在动作按钮中添加“返回首页”文本，并设置文本的格式。

（5）在“形状样式”选项组中设置形状的填充颜色和形状效果，如图7-56所示。

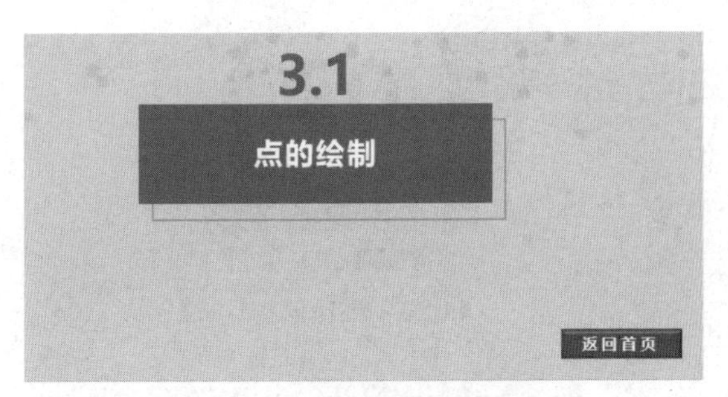

图7-56　添加动作按钮的效果

（6）按F5键放映演示文稿，对设置的动作按钮进行验证。最后将“目录”列表文本框复制，并粘贴到第一张幻灯片中。

（7）根据同样的方法，将“返回首页”动作按钮复制并粘贴到链接的幻灯片右下角。

实验6　演示文稿中的动画、切换实验

【实验目的】

（1）掌握为对象添加动画的方法。

（2）掌握为幻灯片设置切换动画的方法。

【知识与要求】

学习本章介绍的4种动画类型、动画的设置方法，以及幻灯片的切换方式。

【实验内容与操作步骤】

1. 对象设置动画

以本章实验3中制作的时间轴目录为例介绍设置动画的方法，具体操作如下所示。

（1）打开“设置动画.pptx”演示文稿，选择曲线对象，切换至“动画”选项卡，在“动画”选项组中单击“擦除”按钮。

（2）单击“动画”选项组中“效果选项”按钮，在下拉列表框中选择“自左侧”选项，则曲线由左向右逐渐显示，如图7-57所示。

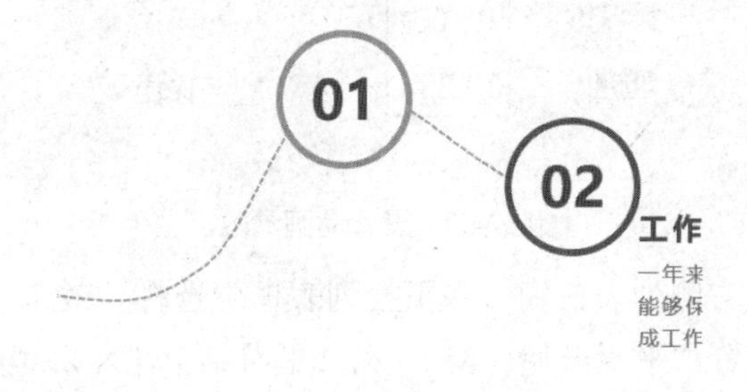

图7-57　设置曲线的形状

（3）接着为飞机图像应用“淡出”的进入动画，单击“高级动画”选项组中“添加动

画”按钮，在下拉列表框中选择“自定义路径”选项。

（4）沿着曲线从左向右绘制动作路径，绘制完成后右击路径，在快捷菜单中选择“编辑顶点”命令，如图 7-58 所示。可以调整顶点改变路径。

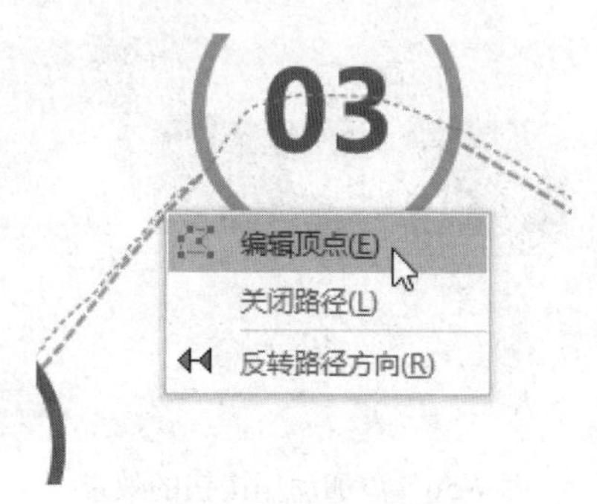

图 7-58　编辑顶点

（5）再右击路径，在快捷菜单中选择“平滑顶点”命令，使路径更平滑，如图 7-59 所示。

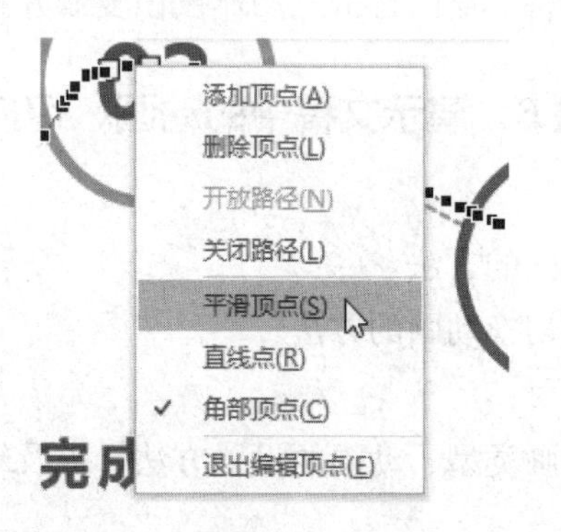

图 7-59　平滑顶点

（6）单击“高级动画”选项组中“动画窗格”按钮，打开“动画窗格”导航窗格。选择两个动画在“计时”选项组中设置“持续时间”为 5 秒，“开始”为“上一动画同时”。

（7）预览动画时发现曲线动画比飞机快，有时曲线出现了，飞机还在曲线的左侧。选择曲线动画，设置“延迟”为 0.25 秒，如图 7-60 所示。

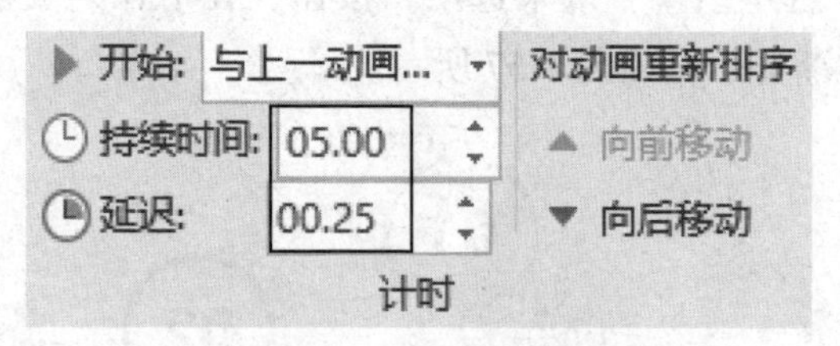

图 7-60　设置动画参数

（8）单击飞机动画右侧列表按钮，在下拉列表框中选择“效果选项”选项，打开“自定义路径”对话框，设置“平滑开始（M）”和“平滑结束（N）”均为 0 秒，单击“确定”按钮，如图 7-61 所示。

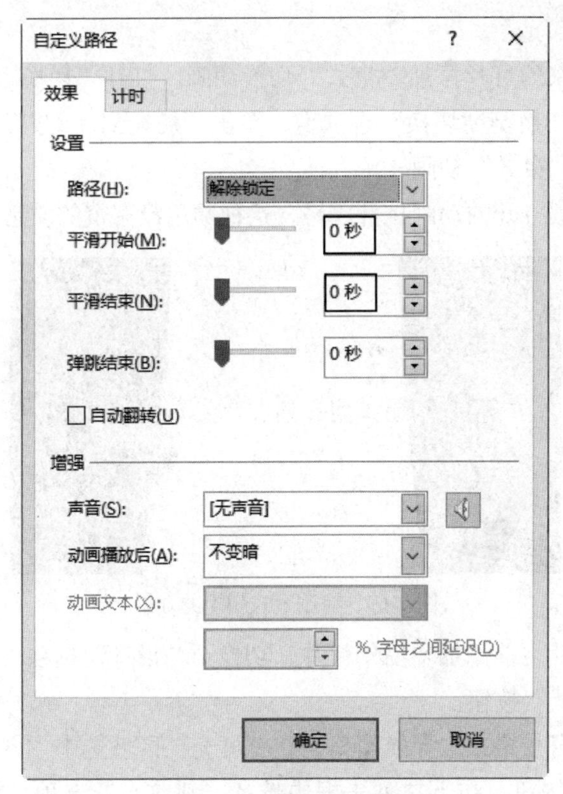

图 7-61　设置动画效果

曲线和飞机的动画是当飞机飞过左侧时显示曲线。接下来制作当飞机飞过左侧第 1 个正圆时显示正圆形，再显示对应的文本。

（9）选择最左侧正圆，在“动画”选项组中添加“淡出”的进入动画。

（10）为对应的文本应用“浮入”的进入动画。

（11）设置添加的动画“开始”为“与上一动画同时”，实现的动画是当飞机飞过“01”圆形时，再执行这两个动画。

（12）设置圆形的“延迟”为 1.75 秒，设置文本动画的“延迟”为 2 秒。动画效果如图 7-62 所示。

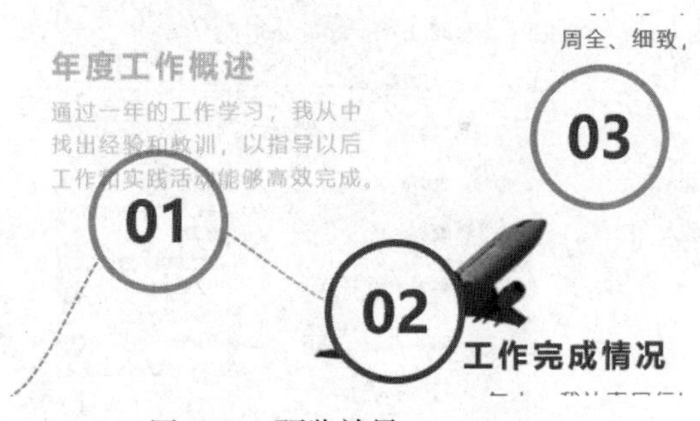

图 7-62　预览效果

（13）根据相同的方法为其他圆形和文本应用动画，通过设置延迟使用飞机飞过后执行动画。

2. 添加切换动画

（1）首先为第 1 张幻灯片添加“帘式”切换动画。打开“切换动画 .pptx”演示文稿，选择第 1 张幻灯片，切换至“切换”选项卡，单击“切换到此幻灯片”选项组中“其他”按钮，在列表中选择“帘式”动画。

（2）以黑色窗帘被打开的动画拉开序幕，这种颜色没有帘的质感，如图 7-63 所示。

图 7-63　应用帘式切换的效果

（3）在当前幻灯片之前添加空白幻灯片，切换至“设计”选项卡，单击“自定义”选项组中“设置背景格式”按钮。

（4）打开“设置背景格式”导航窗格，在“填充”区域选中“图片或纹理填充”单选按钮，单击“纹理”按钮，在下拉列表框中选择“斜纹布”选项，设置“对齐方式”为“靠上”，如图 7-64 所示。具体使用什么纹理如何设置，读者可以自行更改，这一操作是为制作真实帘的效果。

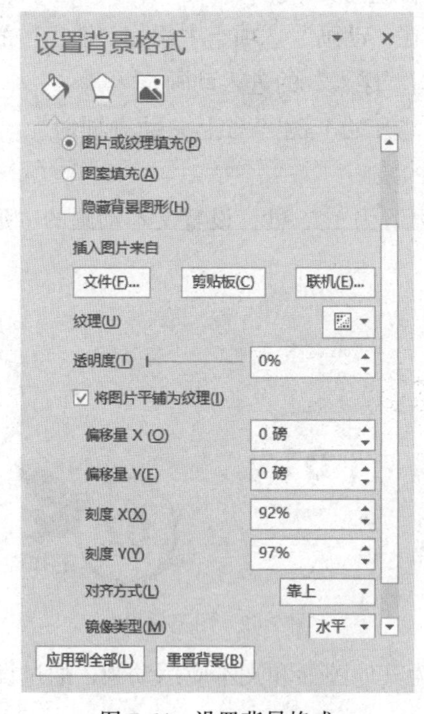

图 7-64　设置背景格式

（5）再次查看“帘式”切换效果，此时有打开窗帘的效果了，如图 7-65 所示。

图 7-65 查看效果

（6）“帘式”切换动画的持续时间为 6 秒，比较缓慢，在“计时”选项组中设置“持续时间”为 3 秒。

（7）选择第 4 张幻灯片，在“切换”选项卡中应用“页面卷曲”的切换动画，这是一种类似翻书的动画。

（8）单击“切换到此幻灯片”选项组中“效果选项”按钮，在下拉列表框中选对“单左”选项，表示单页从右向左翻书的效果，如图 7-66 所示。

图 7-66 设置翻书的效果

（9）下面为翻书切换动画添加声音。单击“计时”选项组中“声音”按钮，在下拉列表框中选择“其他声音”选项。打开“添加音频”对话框，选择准备好的“翻书声 .wav”音频文件，单击“确定”按钮，如图 7-67 所示。

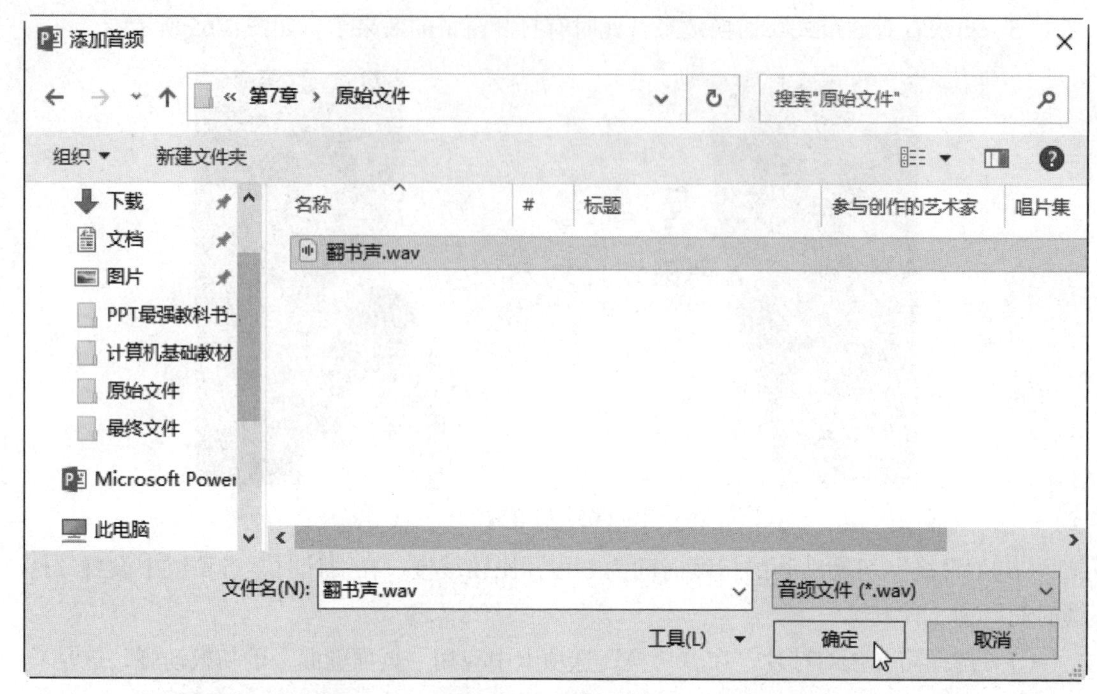

图 7-67 添加音频

（10）添加音频后，当该幻灯片执行“页面卷曲”切换动画时，会有翻书的声音，像是真的看书效果。

实验 7 亲密、对齐、对比和重复的排版实验

【实验目的】

（1）掌握亲密的排版方法。

（2）掌握对齐的排版方法。

（3）掌握对比的排版方法。

（4）掌握重复的排版方法。

【知识与要求】

本章介绍了 PowerPoint 各功能的操作，为了能设计更加专业的演示文稿，还需要了解排版的基本原则，包括亲密、对比、对齐和重复。

【实验内容与操作步骤】

1. 亲密

在演示文稿中，将相关的元素或内容组织在一起，让其成为一个整体形成一个视觉单元，方便更好地识别，这种排版方法叫“亲密”。

图 7-68 幻灯片中的正文，各小标题和内容之间间距各不相同，没有明显的亲疏关系，看起来分不清主次；而图 7-69 幻灯片的正文各标题与对应的正文距离近，形成一个视觉单元，各视觉单元之间距离稍微远点，看起来很清晰。

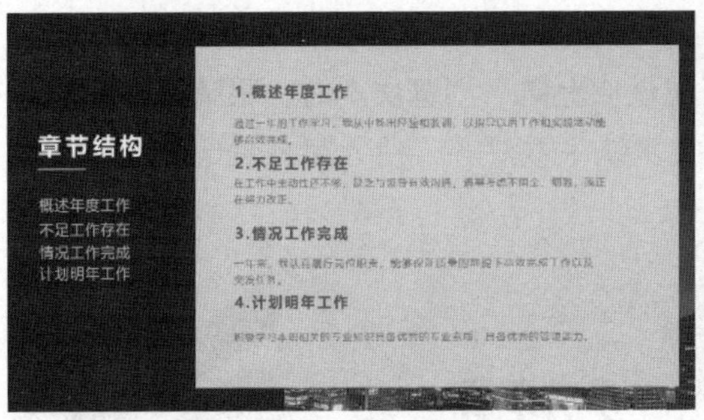

图 7-68　没有亲密关系

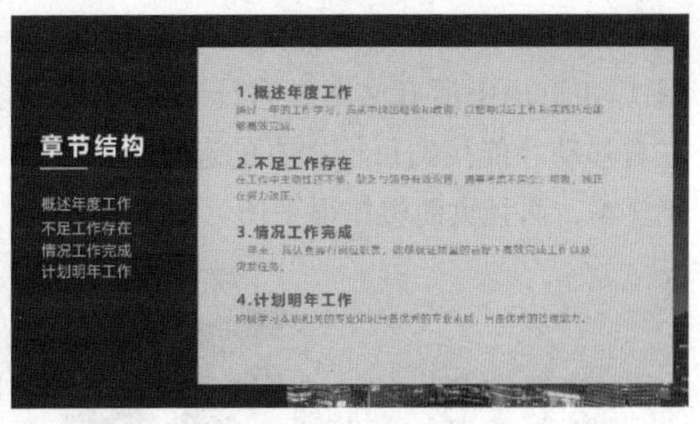

图 7-69　有亲密关系

以上介绍的是在纵向相关文本的亲密关系，同样在横向也是一样的。图 7-70 幻灯片中各视觉单元与对应的数字之间的距离太大，使其比较分散；图 7-71 幻灯片中数字与内容之间距离较紧凑，形成了 4 个完整的视觉单元，这样在视觉上比较清晰、直观。

图 7-70　没有亲密关系

图 7-71　有亲密关系

在设计封面时，也要注意亲密的关系，标题与标题相关的文本具有亲密关系，需要排在一起。图 7-72 标题文本比较分散，图 7-73 标题文本比较亲密，能使人很快就抓住重点。

图 7-72　标题文本分散

图 7-73　标题文本亲密

2. 对齐

演示文稿在本质上是一种视觉设计，非常讲究元素之间的关系和位置。对齐就是将演示文稿中不同的元素按照指定的基线摆放在一起。这种对齐会给人一种稳定、安全的感觉，如果杂乱无章，会使人心生烦躁、不安。

在演示文稿中对齐通过一条“无形的线”将所有元素连在一起，形成视觉纽带。如果页面中部分元素是对齐的，那么会得到一个更内聚的视觉单元，而且能提高易读性。图 7-74 页面中所有文本没有统一左对齐，当观众从上向下浏览文本时，眼睛需要不停地左右移动才能找到每行文本的起点。图 7-75 文本统一左对齐，使人很自然地从上向下浏览文本，而且页面整体很平衡。

图 7-74　文本对齐不统一

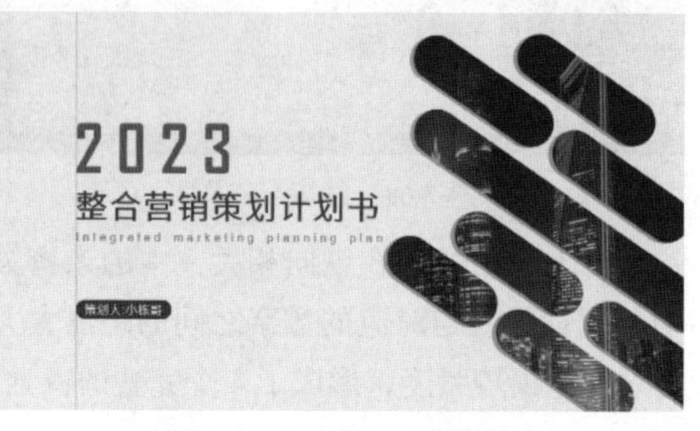

图 7-75　文本统一左对齐

当文本中包含项目符号或编号时，设置左对齐就需要特别注意，第 2 行的文字不能以符号或编号对齐，而是以第 1 行的正文的第 1 个字进行对齐，这样看起来条理更清晰、更整齐舒服，如图 7-76 所示。

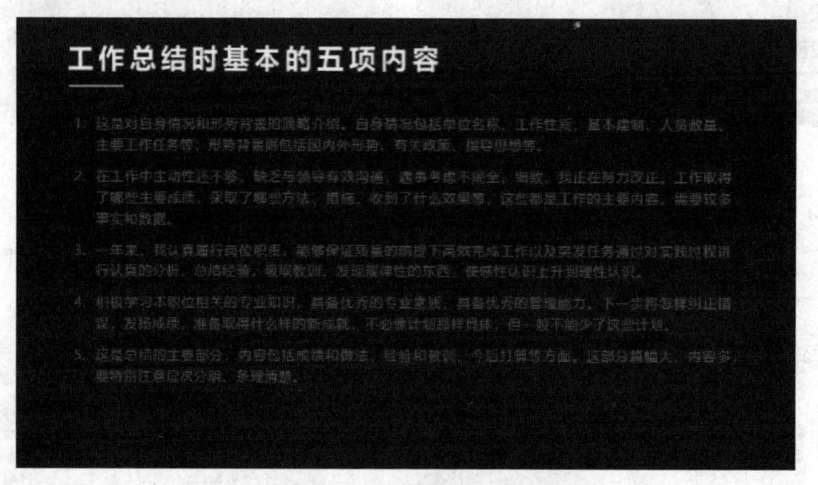

图 7-76　设置项目符号和编号时注意事项

在幻灯片的布局中最常用的 3 种基本对齐方式为左对齐、居中和右对齐。左对齐和居中对齐使用比较广泛；右对齐使用场景比较少，一般适应于文本较少、每行文本比较少的情况下。

而当演示文稿页面包含大量段落文本时，不适合居中和右对齐。居中对齐时，段落文本左右都不整齐，而且增加阅读的难度。因为现在人们阅读的习惯是从左到右、从上到下，居中对齐和右对齐无疑会使观众阅读时产生不适。

3. 对比

通过对比元素和内容之间的差异可以更好地突出重要的内容。实现对比的方法有很多，如尺寸的对比、颜色的对比、粗细的对比、字体的对比等。

图 7-77 幻灯片中的正文文本为黑色，很平淡。图 7-78 幻灯片中小标题文本使用两种颜色填充，不仅使各部分内容突出，还能美化页面。

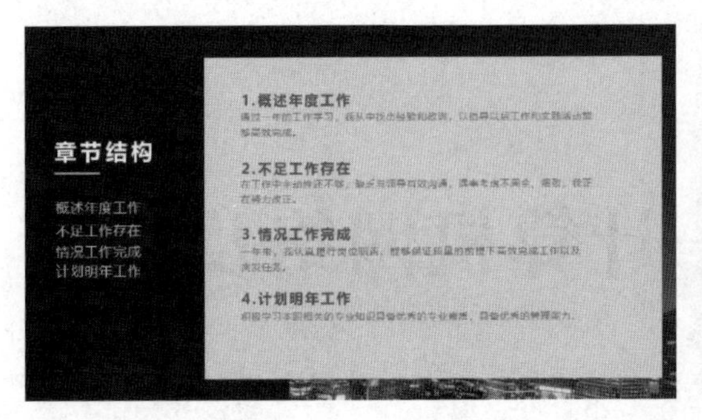

图 7-77　没有对比

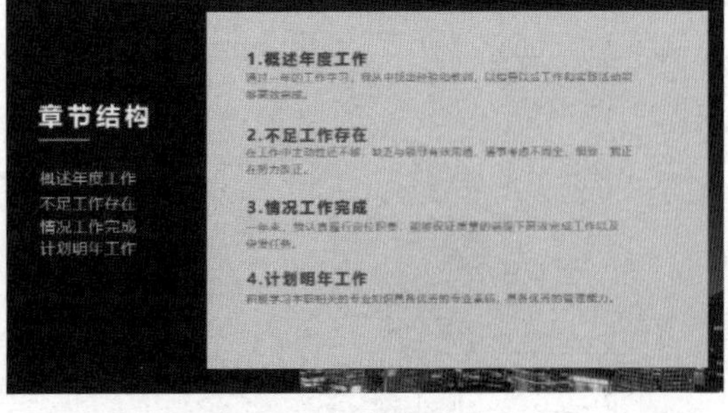

图 7-78　颜色对比

4. 重复

在演示文稿中重复使用部分元素可实现统一的风格，元素包括图像、字体、配色、形状等。为了在放映演示文稿时不会让观众产生疲惫感，在重复使用相关元素时可以稍加创意做出一定的变化，如图 7-79 所示。

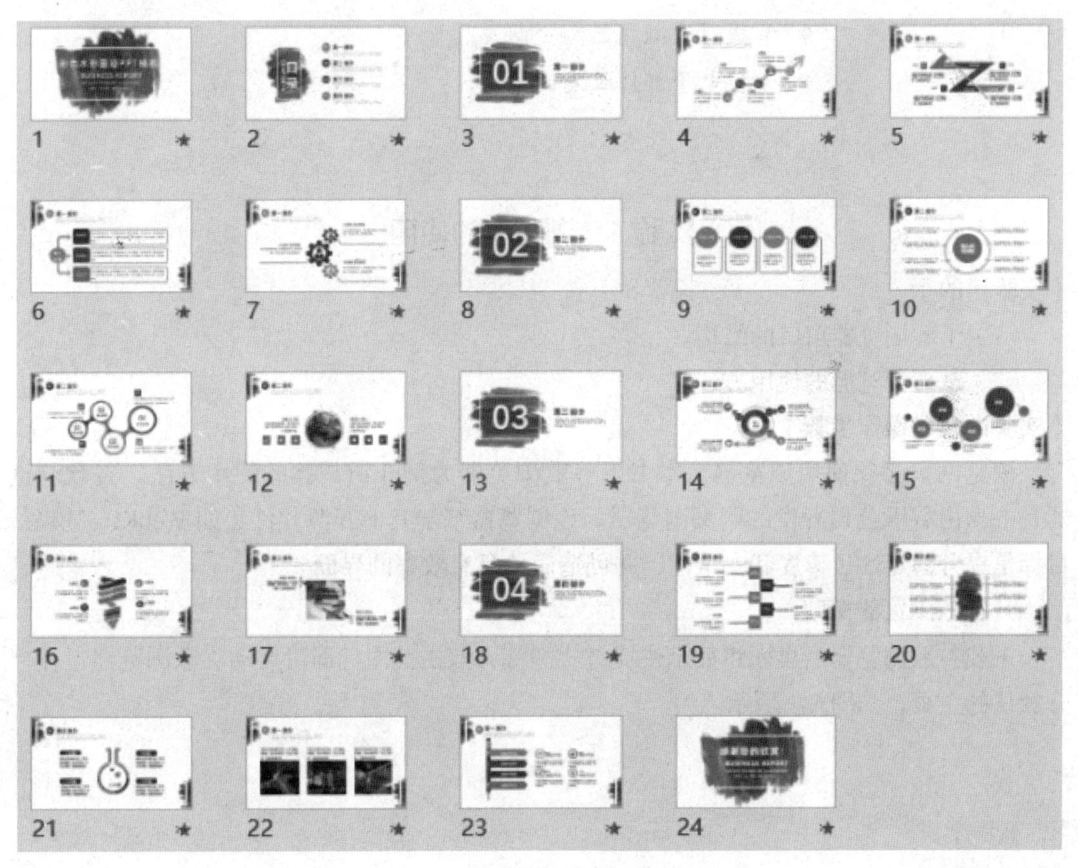

图 7-79　重复

第 8 章

计算机网络及应用

通过访问网页可以浏览文本、图像、视频，收发电子邮件，还可以玩网页游戏或进行网购等。浏览器是安装在计算机里面的一个软件，其能够将网页内容呈现给用户，并让用户与网页元素交互。

实验重点

- 了解浏览器窗口。
- 掌握通过浏览器浏览网页。
- 掌握电子邮件收发的方法。

实验 1　浏览器的使用

【实验目的】

（1）了解浏览器窗口的结构。

（2）掌握浏览器的使用方法。

【实验内容与操作步骤】

浏览网页必须使用浏览器，本书以谷歌浏览器为例介绍具体的使用方法。谷歌浏览器是一款由谷歌公司开发的网页浏览器。该浏览器基于其他开源软件（如 WebKit）撰写，目标是提升稳定性、速度和安全性，并创造简单且有效率的界面。

1. 谷歌浏览器窗口

下载谷歌浏览器后桌面将显示快捷方式图标，双击其图标即可启动谷歌浏览器，并打开默认的主页，如图 8-1 所示。

图 8-1　谷歌浏览器

软件窗口包含如下界面元素。

- “前进” / “后退”按钮：在浏览记录中前进或后退，能便捷地访问以前浏览过的网页。
- 地址栏：可以输入网站的 URL，按 Enter 键即可进入网页。
- 选项卡：用于显示打开的网页标题。在浏览器窗口中可以打开多个选项卡，单击右侧+按钮，可以打开新的网页。

2. 浏览网页

（1）打开谷歌浏览器，在地址栏中输入网址，按 Enter 键即可进入该网页。

（2）浏览网页内所有内容，当光标指针变为手形，表示该对象是一个链接，单击即可访问该链接指向的资源。

3. 打开无痕式窗口

谷歌浏览器支持无痕式窗口，在特殊的场合浏览网页时，可以该方式保护个人隐私和信息安全。具体操作如下所示。

（1）启动谷歌浏览器，单击右上角⋮按钮，在列表中选择“打开新的无痕式窗口”选项，或按 Ctrl+Shift+N 组合键。

（2）进入无痕模式，此时，其他用户使用此设备时不会看到浏览的内容，但是下载的内容和阅读清单项会保存在此设备上，如图 8-2 所示。

图 8-2　进入无痕模式

4. 保存 Web 页面

保存 Web 页面就是将浏览的 Web 页面直接保存到浏览器中，方便以后浏览网页中的内容，具体操作方法如下所示。

（1）启动谷歌浏览器，单击右上角 ⋮ 按钮，在列表中选择“更多工具”→“网页另存为”选项，或按 Ctrl+S 组合键。

（2）打开“另存为”对话框，选择保存路径和设置文件名，“保存类型”默认为“网页，全部 (*.htm;*.html)”，单击“保存（S）”按钮保存，如图 8-3 所示。

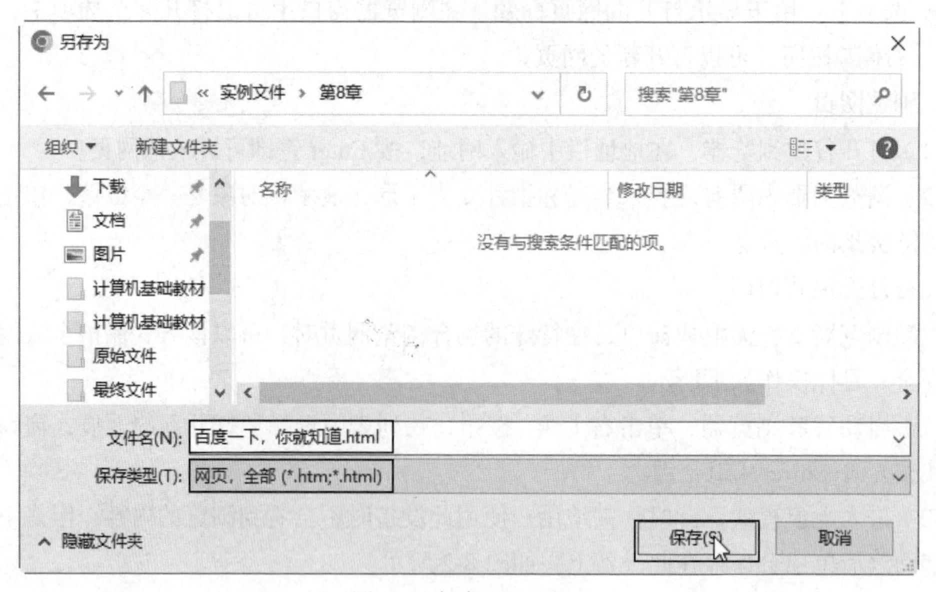

图 8-3　保存 Web 页面

5. 显示 / 隐藏已收藏的网址

在图 8-1 中地址栏的下方是收藏的网址，直接单击即可访问。用户可以根据需要显示 /

隐藏已被收藏的网址，具体操作如下所示。

（1）启动谷歌浏览器，单击右上角⁝按钮，在列表中选择“设置”选项。

（2）打开“设置”页面，在左侧选择“外观”选项，在右侧“外观”区域单击“显示书签栏”右侧图标，其变为灰色时将隐藏已被收藏的网址，为蓝色时可显示已被收藏的网址，如图 8-4 所示。

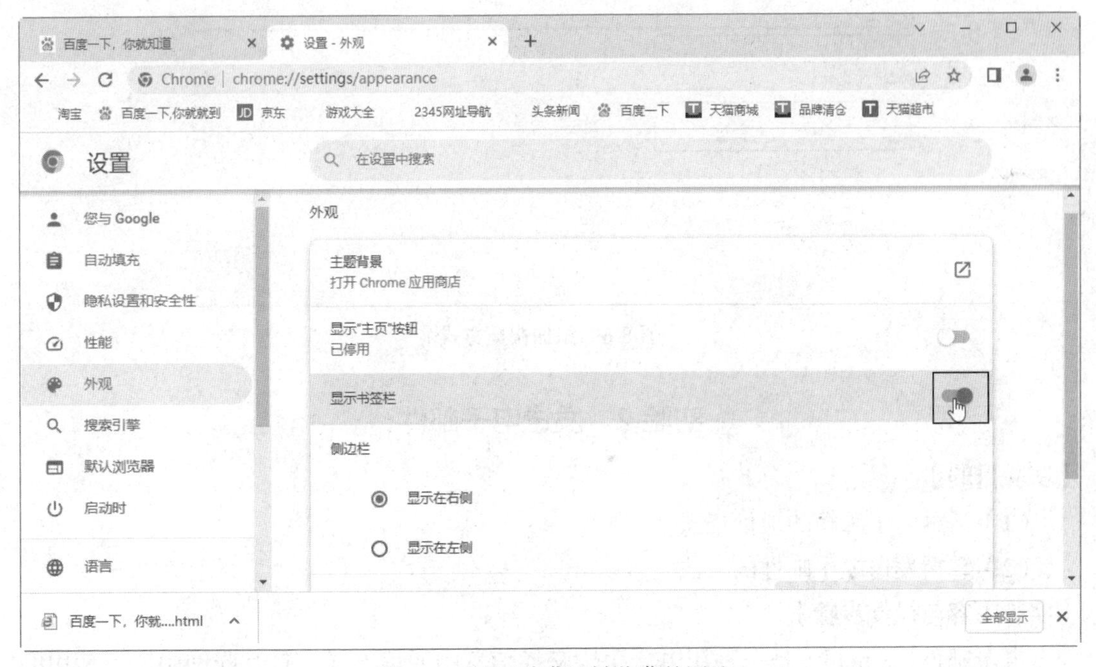

图 8-4　显示 / 隐藏已被收藏的网址

6. 创建快捷方式

谷歌浏览器支持为经常浏览的网址创建快捷方式，可以快速访问该网址，具体操作如下所示。

（1）启动谷歌浏览器，在页面的下方单击“添加快捷方式”图标，如图 8-5 所示。

图 8-5　单击“添加快捷方式”图标

（2）在打开的“添加快捷方式”窗口中输入名称和网址，单击“完成”按钮，如图 8-6 所示。操作完成后，即可在“添加快捷方式”图标左侧显示添加的网址和名称。

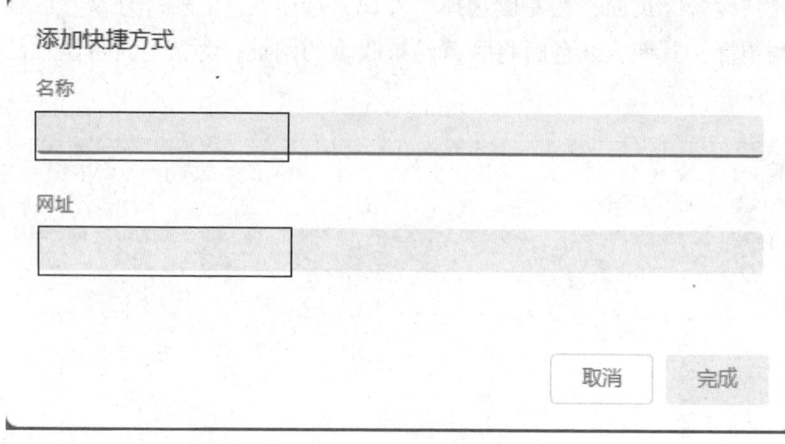

图 8-6　添加快捷方式

实验 2　发送电子邮件

【实验目的】

（1）了解电子邮箱的地址格式。

（2）掌握发送电子邮件的方法。

【实验内容与操作步骤】

电子邮件（e-mail）是一种用电子手段交换信息的通信方式，是互联网中广泛使用的服务之一。

1. 电子邮件的地址

电子邮件的发送和接收都需要获知发送者和接收者的电子邮件地址。一个完整的电子邮件地址由 3 部分组成：<用户标识>@<主机域名>。

- 用户标识：表示用户信箱的账号，对于同一个邮件服务器来说，这个账号必须是唯一的。
- @：分隔符，表示 at，即“在，位于”。
- 主机域名：是用户信箱的邮件接收服务器的域名，用以标志其所在的位置。例如，zdy2023@sina.com 电子邮件地址，表示在“sina.com”电子邮件主机中有一个名为“zdy2023”的电子邮件用户。

2. 发送电子邮件

下面以 QQ 邮箱为例介绍发送电子邮件的方法。

（1）打开 QQ 邮箱的网址，输入账号和密码，也可以使用手机 QQ 扫二维码登录。

（2）进入邮箱主页后，单击“写信”按钮，进入写信界面，如图 8-7 所示。

（3）在“收件人”中输入收件人电子邮箱地址，在“主题”中输入邮箱内容的主题，在“正文”中输入邮件的正文，其格式可以参照用纸写信的格式。

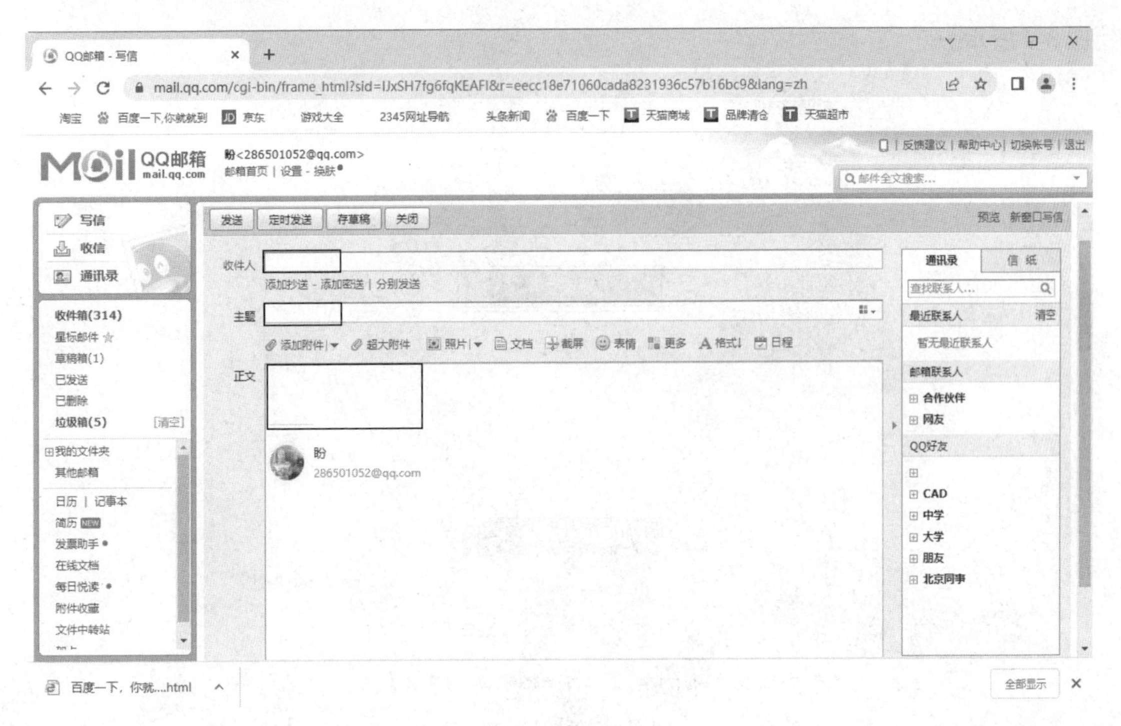

图 8-7　写信

（4）如果需要抄送、密送时，单击“收件人”下方对应的链接，会增加收件人的地址栏，然后输入即可。

（5）如果发送的文件稍大可以通过附件的形式添加。单击“主题”下方的“添加附件”按钮，在打开的“打开”对话框，选择发送的文件，单击“打开（C）”按钮，其会以附件的形式被上传到邮箱中，如图 8-8 所示。

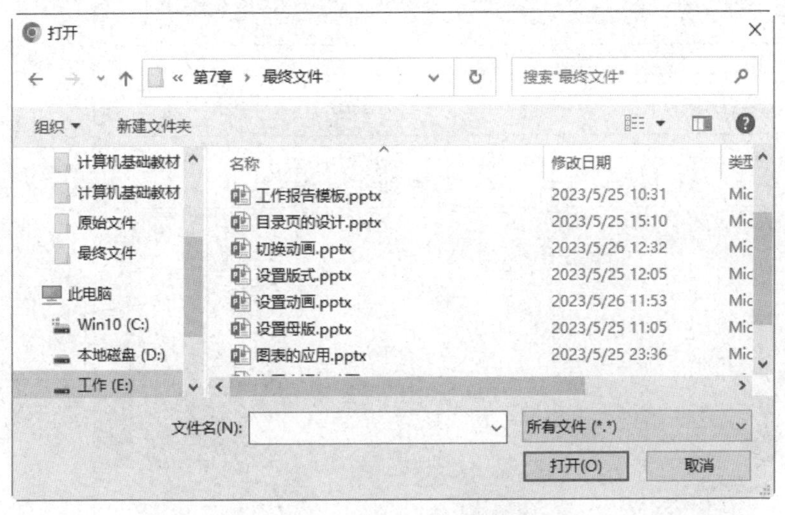

图 8-8　“打开”对话框

（6）如果单击“超大附件”按钮，则可在打开界面中单击“上传新文件”按钮，在打开的“打开”对话框选择发送的大文件，单击“打开”按钮可将大文件上传到邮箱中，如

图 8-9 所示。

图 8-9　添加超大附件

（7）在写信界面的右侧包含“通讯录”和“信纸”两个选项卡。其中“通讯录”中显示有 QQ 好友的地址，选择好友即可输入收件人地址。

（8）在“信纸”选项卡中可以选择信纸的样式，邮件的正文将应用该信纸的样式，如图 8-10 所示。

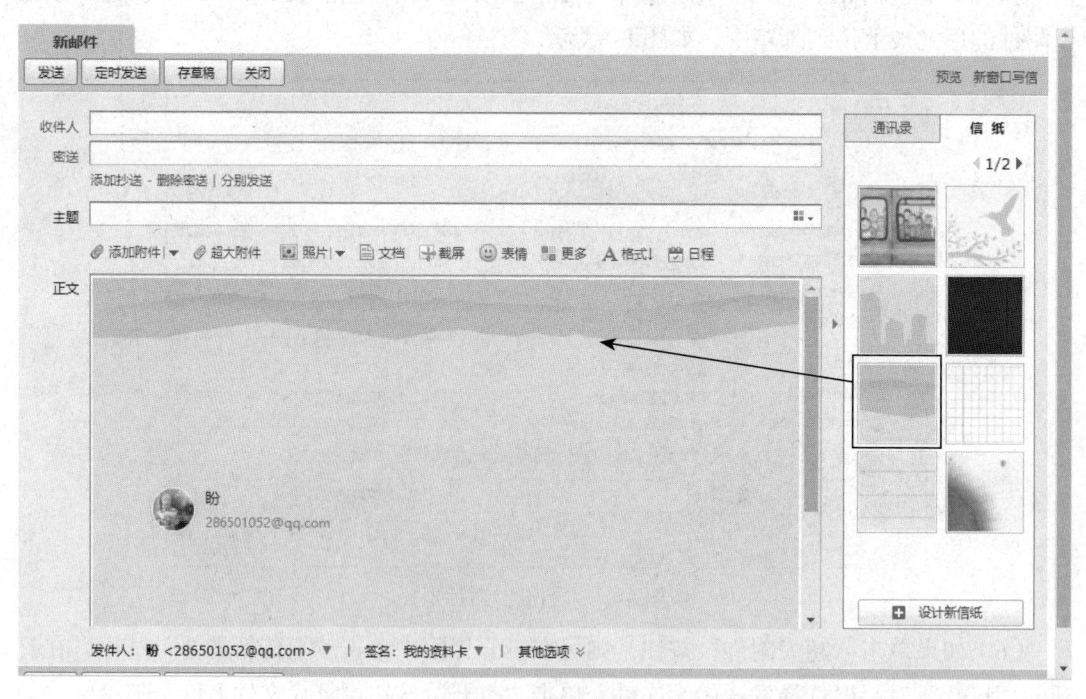

图 8-10　设置信纸样式

实验3 网络配置实验

【实验目的】

（1）熟悉 Windows 10 系统下网络适配器绑定的协议和服务。

（2）掌握 Windows 10 系统下配置网络的方法。

【知识要求】

- 了解网络配置的基本原理。
- 熟悉所在局域网的 IP 地址。

【实验内容与操作步骤】

1. 设置网络适配器绑定的协议和服务

（1）右击桌面“网络”图标，在快捷菜单中选择“属性”命令，打开“网络和共享中心”窗口，如图 8-11 所示。

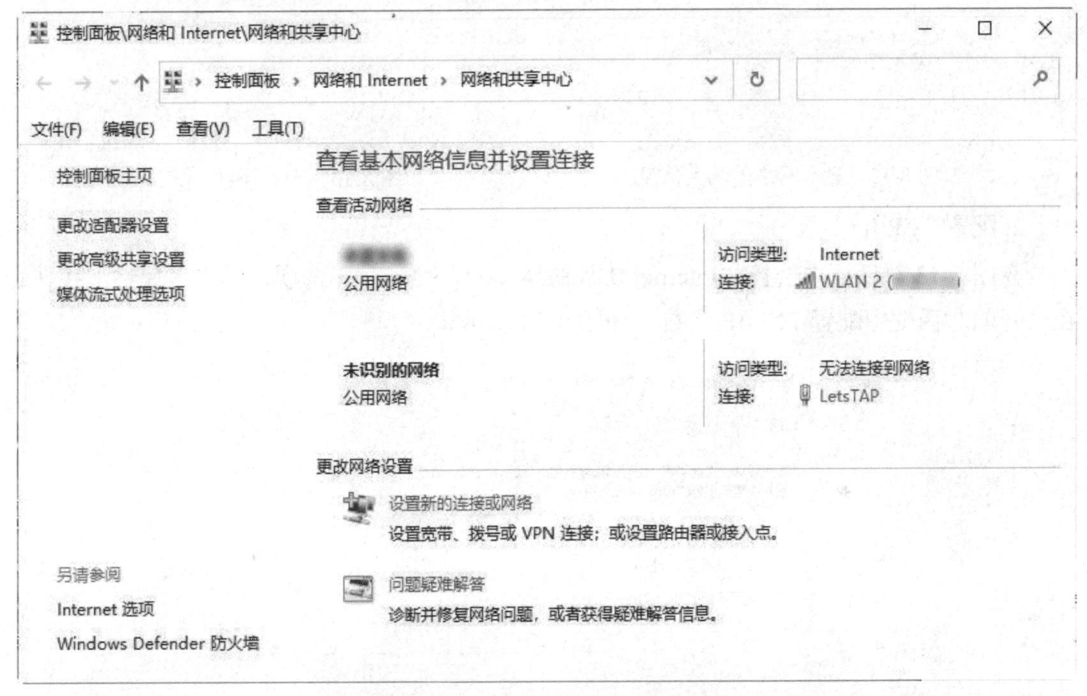

图 8-11 打开“网络和共享中心”窗口

（2）单击连接的网络，打开的对话框中将显示网络的状态、持续时间、速度、信号质量、已接收和已发送的数据包等信息，如图 8-12 所示。

（3）单击“属性”按钮，在打开的对话框中确认该网络连接已安装并使用的组件，如图 8-13 所示。例如，Microsoft 网络客户端、Microsoft 网络的文件和打印机共享和 Internet 协议等。

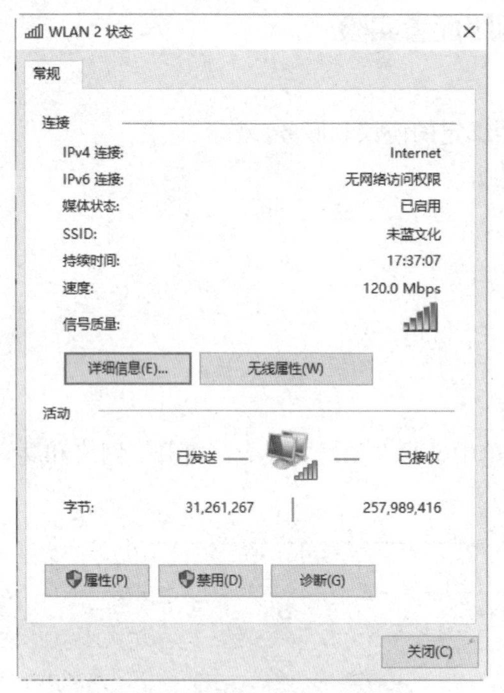

图 8-12　显示网络的相关信息

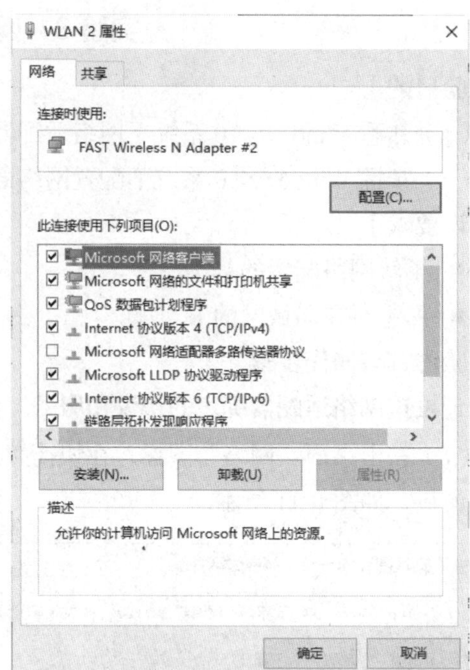

图 8-13　查看属性

2. 配置 TCP/IP 参数

在图 8-13 对话框中选择“Internet 协议版本 4（TCP/Ipv4）”选项，单击“属性”按钮，在打开的对话框中配置 TCP/IP 参数，如图 8-14 所示。

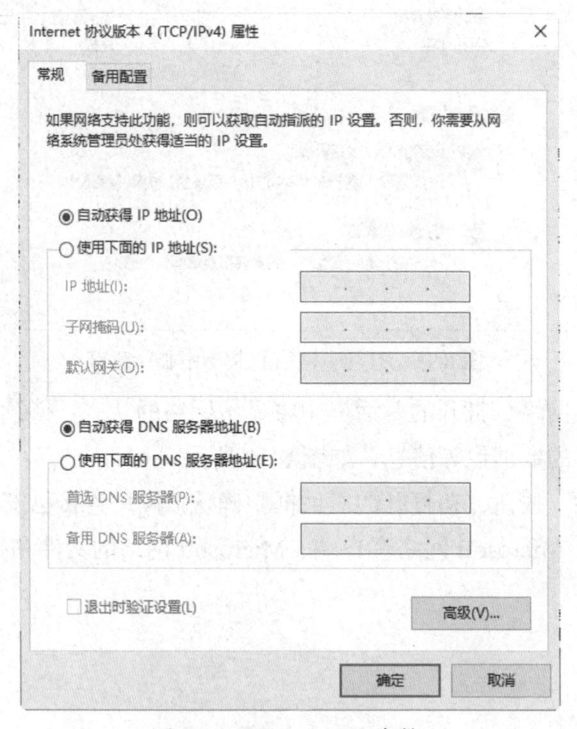

图 8-14　配置 TCP/IP 参数